普通高等教育"十一五"国家级规划教材

工厂供电技术

第三版

李友文　主编

化学工业出版社

·北京·

本书以工学结合、项目引导、教学做一体化的原则进行编写，打破了原有教材分成若干个独立章节的编写模式，采用以应用为主线，通过设计不同的项目和实例，将理论知识融入到每一个实践操作中；以强调职业能力的培养、职业技能的提高来设计教材的结构、内容和形式；以实训项目为主线，紧密结合各类工厂的实际情况来编写。

本书从高职高专课程改革出发，围绕工厂供电技术的核心——变电所供电，以"工厂变电所供电"为总项目，下分六个子项目：变电所供电基础部分、变电所供电计算技能、变电所供电设备选择、变电所供电系统保护、变电所供电设备运行、变电所供电系统电气设计；以工作项目为载体，以工作任务为驱动，将理论与实践有机结合，使学生在体验模拟完成工作任务的过程中掌握工厂变电所供电的知识和技能。

本书可作为高职高专院校电类专业，工业电气化技术、工业企业电气化、工业电气自动化、机电应用技术、机电一体化等专业的教材，还可供中等职业院校、技工学校同类专业学生选用，也可供从事电气自动化技术的工程技术人员参考。

图书在版编目（CIP）数据

工厂供电技术/李友文主编. —3 版. —北京：化学工业出版社，2012.5（2023.9 重印）

（普通高等教育"十一五"国家级规划教材）

ISBN 978-7-122-14081-4

Ⅰ. 工… Ⅱ. 李… Ⅲ. 工厂-供电-高等职业教育-教材 Ⅳ. TM727.3

中国版本图书馆 CIP 数据核字（2012）第 074410 号

责任编辑：张建茹　　　　　　　　　　文字编辑：吴开亮
责任校对：宋　玮　　　　　　　　　　装帧设计：韩　飞

出版发行：化学工业出版社（北京市东城区青年湖南街 13 号　邮政编码 100011）
印　　装：天津盛通数码科技有限公司
787mm×1092mm　1/16　印张 9¾　字数 254 千字　2023 年 9 月北京第 3 版第 6 次印刷

购书咨询：010-64518888　　　　　　售后服务：010-64518899
网　　址：http://www.cip.com.cn

定　价：39.00 元　　　　　　　　　　　　　　　　版权所有　违者必究

前 言

本教材按照教育部要全面提高高职教育教学质量，切实提高"加强素质教育，加强专业改革，加强课程建设，加强模式改革的自觉性，真正把课程建设与改革作为提高教学质量的核心和重点，改革教学方法和手段，融'教、学、做、'为一体"的精神，在原教材《工厂供电》第二版［化学工业出版社 2005 年］的基础上，以理论知识与实践操作并重的《工厂供电》课程为依据，结合高职高专进行课程改革的"项目化教学"而重新编写的通用教材。

本教材以工学结合、项目引导、教学做一体化的原则进行编写，打破了原有教材将基本原理、基本指令，基本应用分成若干个独立章节的编写模式，采用以应用为主线，通过设计不同的项目和实例，将理论知识融入到每一个实践操作中；以强调职业能力的培养、职业技能的提高来设计教材的结构、内容和形式；以实训项目为主线，紧密结合各类工厂的实际情况，充分体现了职业教育的应用特色和能力本位，突出了人才应用能力及创新素质的培养。

本教材从高职高专课程改革的"项目化教学"出发，围绕工厂供电技术的核心——变电所供电，以"工厂变电所供电"为总项目，以变电所供电基础部分、变电所供电计算技能、变电所供电设备选择、变电所供电系统保护、变电所供电设备运行、变电所供电系统电气设计等为子项目，以工作项目为载体，以工作任务为驱动，将理论与实践有机结合，使学生在体验模拟完成工作任务的过程中掌握工厂变电所供电的知识和技能。

本书由李友文主编，刘江彩、孔峰任副主编。本教材在编写过程中，得到了沈阳理工大学应用技术学院王艳秋教授的亲历合作，共同编写了相关项目的内容。辽宁工业大学成人教育学院梁清华教授、沈阳理工大学应用技术学院梁爽教授、辽宁石化职业技术学院金沙副教授等专家对教材的编著提供了友情支持与大力协作，在此表示衷心的感谢。

本教材在出版过程中得到了化学工业出版社的大力支持和协作，在此致以衷心的谢意。

由于编著者水平有限，书中难免存在不妥之处，恳切希望使用本书的师生和广大读者批评指正。

编著者

2012.02

目　录

项目 1 变电所供电基础部分

任务 1.1 供电系统

【知识目标】 掌握工厂供电系统的组成及基本要求

【能力目标】 掌握工厂供电系统类型的能力

【学习重点】 工厂供电的基本要求及供电系统类型

电能是现代工业生产的主要能源和动力。工厂所需要的电能，绝大多数是由公共供电系统供给的。工厂供电就是指工厂所需电能的供应和分配问题。

1.1.1 电力系统的基本概念

由发电厂、电力网和电能用户组成的一个发电、输电、变配电和用电的整体，称为电力系统，如图 1-1 所示。

电力系统中的各级电压线路及其联系的变配电所，称为电力网。

电力网的作用是将电能从发电厂输送并分配到电能用户。

（1）发电厂 发电厂是将自然界蕴藏的多种形式的能源转换为电能的特殊工厂。

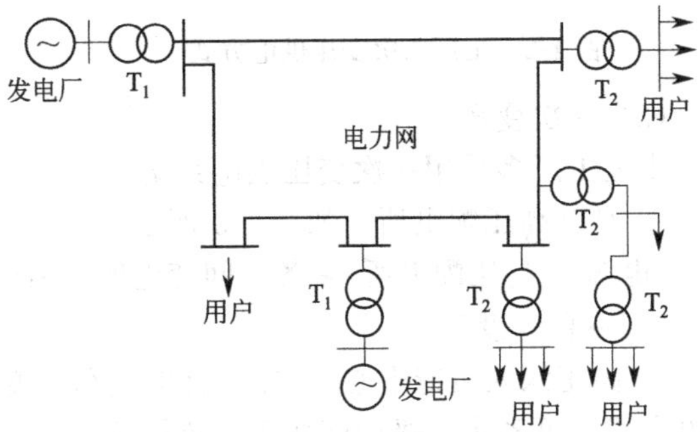

（2）变配电所

变电所是接受电能、变换电压和分配电能的场所。

图 1-1 电力系统示意图
T_1—升压变压器；T_2—降压变压器

$$\text{变电所} \begin{cases} \text{升压变电所} & \text{将低电压变换为高电压，一般建在发电厂。} \\ \text{降压变电所} & \text{将高电压变换为低电压，建在用电负荷中心。} \\ \text{工厂变电所} & \text{一般为降压变电所，建在工厂内部。} \end{cases}$$

配电所只用来接受和分配电能，不承担变换电压的任务。

（3）电力线路

电力线路作用是输送电能，并把发电厂、变配电所和电能用户连接起来。

$$\text{电力线路} \begin{cases} \text{输电线路（电压在 35kV 及以上），主要是架空线路。} \\ \text{配电线路（电压 10kV 及以下），为架空线路或电缆线路。} \\ \text{按其传输电流的种类又可分为交流线路和直流线路。} \end{cases}$$

（4）电能用户

一切消费电能的用电设备均称为电能用户。电能用户又称电力负荷。

1.1.2　工厂供电系统

工厂供电系统是指工厂所需电力从进厂起到所有用电设备终端止的整个电路。

工厂供电系统一般由工厂总降压变电所、高压配电线路、车间变电所、低压配电线路及用电设备组成。

（1）二次变压

大型工厂，一般采用二次变压供电系统，如图1-2所示。

电源→总降压（一次变压）→高压线→车间变（二次变压）→低压线→低压设备
　　　└→高压设备

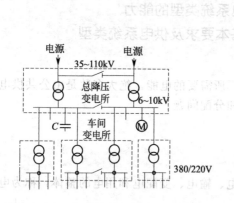

图1-2　工厂二次变压供电方式

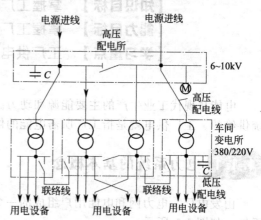

图1-3　具有高压配电所的工厂供电系统

（2）一次变压

中型工厂多采用一次变压供电系统。

① 具有高压配电所　如图1-3所示。

电源→高压配电所→各车间变电所（一次变压）→低压设备
　　　└→高压设备

② 高压深入负荷中心　35kV直接供车间变电所，如图1-4所示。高压深入负荷中心的供电方式，可省去一级中间变压，节约开支。

35kV 线路→各车间变电所→低压用电设备

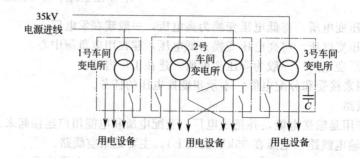

图1-4　高压深入负荷中心的一次变压系统

③ 仅一个变电所　小型工厂用电较少，只设一个变电所，如图1-5所示。

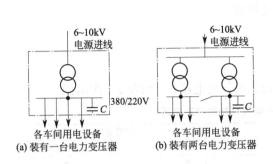

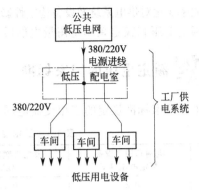

图 1-5　只有一个降压变电所的工厂供电系统　　　　图 1-6　低压进线的小型工厂供电系统

$$6 \sim 10\text{kV 线路} \rightarrow \text{低压变电所} \rightarrow \text{低压设备}$$

（3）低压供电　小型工厂由公共电网取得低压电源，经工厂低压配电室，向车间低压设备供电，如图 1-6 所示。

$$380/220\text{V 电源进线} \rightarrow \text{低压配电室} \rightarrow \text{低压设备}$$

1.1.3　对工厂供电的基本要求

① 安全。在电能的供应、分配和使用中，不应发生人身事故和设备事故。
② 可靠。应满足电能用户对供电可靠性的要求。
③ 优质。应满足电能用户对电压质量和频率等方面的要求。
④ 经济。应使供电系统投资少、费用低，节约电能，减少有色金属的消耗量。

任务 1.2　额定电压

【知识目标】	掌握供电系统电压与供电质量，合理确定额定电压
【能力目标】	具有确定工厂供电系统各环节额定电压的能力
【学习重点】	工厂供电系统的额定电压

1.2.1　供电质量的主要指标

（1）额定电压
指用电设备处在最佳运行状态的工作电压。当用电设备两端的电压与额定电压差别较大时，将对用电设备产生较大危害。
（2）额定频率
中国采用的额定工业频率（简称工频）为 50Hz。

频率变化对供电系统及设备稳定性影响很大，中国规定允许频率变化范围是50Hz±0.5Hz。额定电压和额定频率是衡量电能质量的重要指标。

1.2.2 额定电压的国家标准

中国国家标准规定的三相交流电网和电气设备的额定电压U_N如表1-1所示。

表1-1　三相交流电网和电气设备的额定电压

分类	电网和用电设备 额定电压/kV	发电机额定电压 /kV	电力变压器额定电压/kV	
			一次绕组	二次绕组
低压	0.22	0.23	0.22	0.23
	0.38	0.40	0.38	0.40
	0.66	0.69	0.66	0.69
高压	3	3.15	3 及 3.15	3.15 及 3.3
	6	6.3	6 及 6.3	6.3 及 6.6
	10	10.5	10 及 10.5	10.5 及 11
	—	13.8,15.75,18,20	13.8,15.75,18,20	
	35	—	35	38.5
	63	—	63	69
	110	—	110	121
	220	—	220	242
	330	—	330	363
	500	—	500	550

（1）电力线路的额定电压

它是确定各类用电设备额定电压的基准。

（2）用电设备的额定电压（图1-7）

按线路的额定电压U_N（即平均电压）来确定。即用电设备的额定电压与同级电力线路的额定电压是相等的。

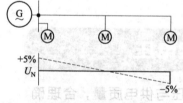 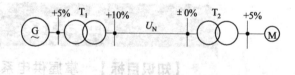

图1-7　用电设备和发电机的额定电压　　　　图1-8　电力变压器的额定电压

（3）发电机的额定电压（图1-8）

应高于电力线路额定电压5%，以补偿线路的电压损耗。

（4）电力变压器的额定电压

① 一次绕组　T1与发电机相连，为升压变压器，其一次绕组U_N与发电机U_N相同，即高于线路U_N 5%。

T2与电力线路相连，为降压变压器，将T2看作是用电设备，其一次绕组U_N应与电力线路U_N相同。

② 二次绕组　T1二次侧所接线路如果很长（例如较大容量的高压线路），则T1二次绕组的U_N要比所接线路U_N高10%，用以补偿较长线路的电压损耗。

T2二次侧所接线路较短（例如低压线路或直接供电给高、低压用电设备的线路），则T2二次绕组的U_N只需比所接线路U_N高5%，用以补偿较短线路的电压损耗。

综上所述，在同一电压等级中，供电系统中各个环节（发电机、变压器、电力线路、用电设备）的额定电压U_N数值并不都相同。

1.2.3　工厂供电电压的选择

（1）高压配电电压的选择

工厂供电系统的高压配电电压，主要取决于当地供电系统电源电压以及工厂高压用电设备的电压和容量等因素。

①　大中型工厂，设备容量在 2000～50000kV·A、输电距离在 20～150km 以内的，可采用 35～110kV 电压供电。

②　中小型工厂，设备容量在 100～2000kV·A、输电距离在 4～20km 以内的，可采用 6～10kV 电压供电。

③　对于采用 6～10kV 电压的工厂，应首选 10kV。

- 输送功率和距离一定时，电压越高，可减小导线截面，电压质量容易保证。
- 10kV 较之 6kV 输送的功率更大，输送的距离更远，而且更易适应今后的发展。
- 10kV 开关设备与 6kV 开关设备在规格上是基本相同的，因此投资增加很少。
- 从供电的安全性和可靠性来说，10kV 与 6kV 相差无几。

（2）低压配电电压的选择

低压电源通常采用 380/220V。其中 380V 为三相动力电源，220V 为单相电源。

任务 1.3　电气主接线

【知识目标】　掌握不同主接线的适用范围，读懂主接线

【能力目标】　读懂变电所电气主接线及车间动力电气平面布线图

【学习重点】　电气主接线的形式和适用范围

电气主接线图是指由各种主要电气设备按一定顺序连接而成的接受和分配电能的总电路图。

1.3.1　对电气主接线的基本要求

①　安全。符合有关技术规范的要求，能充分保证人身和设备的安全。

②　可靠。保证在各种运行方式下，能够满足负荷对供电可靠性的要求。

③　灵活。适应系统所需要的运行方式，操作简便，并能适应负荷发展。

④　经济。在满足上述前提下，力求投资省、费用低，并为发展留有余地。

1.3.2　电气主接线的基本形式

电气主接线以单线图形式表示，仅在个别情况下，当三相电路中设备不对称时，则局部

用三线图表示。

电气主接线应按国家标准的图形符号和文字符号绘制。表1-2列出工厂变电所主接线的主要电气设备符号。

表1-2 变配电所主要电气设备符号

设备名称	文字符号	图 形 符 号	设备名称	文字符号	图 形 符 号
变压器	T		隔离开关	QS	
断路器	QF		熔断器	FU	
负荷开关	Q		跌落式熔断器	FU	
母线	W (WB)		电抗器	L	
电流互感器	TA		电容器	C	
避雷器	F		电动机	M	

1.3.2.1 单母线接线

所谓母线，即汇集和分配电能的金属导体。由一条母线将电气设备（主要是断路器或隔离开关）按一定顺序连接的线路称为单母线接线。

断路器的作用：切断负荷电流或短路故障电流。

隔离开关作用：母线侧隔离开关隔离母线电源，线路侧隔离开关隔离线路电源，用来保证工作人员安全。

（1）单母线不分段接线（图1-9）

优点：电路简单、使用设备少、费用低。

缺点：工作可靠性和灵活性较差。

适用范围：容量较小和对供电可靠性要求不高的中小型工厂。

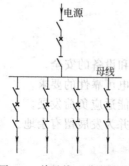

图1-9 单母线不分段接线

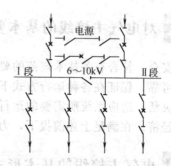

图1-10 单母线分段接线

（2）单母线分段接线（图1-10）

单母线分段是根据电源数目，把母线用隔离开关或断路器分成多段。

优点：工作可靠性和灵活性，较不分段接线有较大提高。

缺点：某段母线检修（或故障）时，该段母线停电。

适用范围：具有两条电源进线，采用单母线分段接线较为优越。

① 用隔离开关分段 母线检修时可分段进行，当母线发生故障时，经过倒闸操作可切除故障一段，保证另一段不停电，故比单母线不分段接线提高了可靠性。

② 用断路器分段 分段断路器除具有分段隔离开关的作用外，还可在母线和隔离开关故障时自动断开，切除故障段母线，保证正常段母线不停电，即提高了运行可靠性。

1.3.2.2 双母线接线 （图 1-11）

双母线接线，两条母线互为备用，具有较高的可靠性和灵活性。

适用范围：大型工厂总降压变电所 35～110kV 母线系统和企业具有高压负荷或有自备发电厂的 6～10kV 的母线系统。

双母线接线有以下两种运行方式：

① 一组母线工作（带电），另一组母线备用（不带电，即明备用），母线联络断路器正常时是断开状态。

② 两组母线同时工作（都带电），也互为备用（即暗备用），此时母线联络断路器及母线联络隔离开关均为闭合状态。

1.3.2.3 桥式接线

桥式接线特点是在两条电源进线之间有一条跨接的"桥"。它比双母线接线简单，可减少断路器的数量。

适用范围：具有双电源进线、双变压器的总降压变电所，可采用桥式接线。

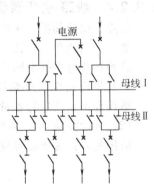

图 1-11 双母线接线

（1）内桥接线 （图 1-12）

内桥特点是跨接桥靠近变压器侧，省掉变压器回路断路器，仅装隔离开关。

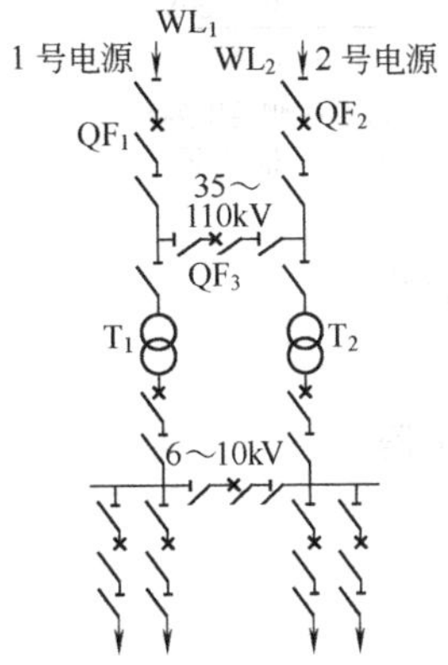

图 1-12 内桥式接线

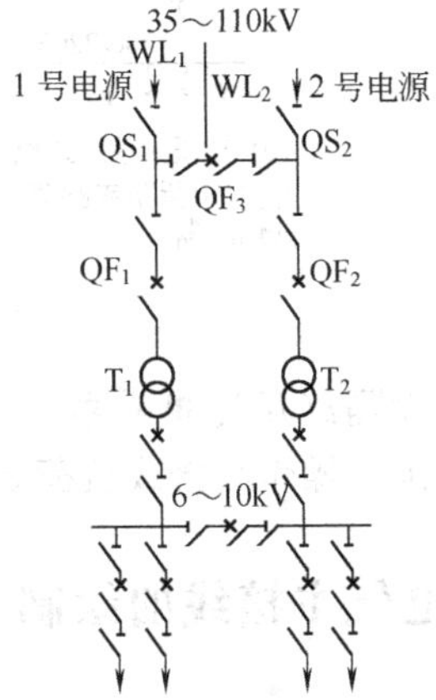

图 1-13 外桥式接线

优点：可提高供电线路改变运行方式的灵活性。

① 当检修任一进线或线路断路器时，另一线路和两台变压器仍可继续供电（例如，当检修线路 WL_1 时，把断路器 QF_1 断开，此时变压器 T_1 可由线路 WL_2 经过跨接桥继续供电，而不至于停电）。

② 任一进线故障时，仅断开故障线路，而其他线路继续正常工作。

缺点：当变压器检修（故障）时，须经复杂的倒闸操作后，才能恢复供电。

适用范围：供电线路较长，线路检修机会较多，且变压器不需经常切换的总降压变电所。

（2）外桥接线（图1-13）

外桥接线的特点是跨接桥靠近线路侧，省掉进线断路器，进线仅装隔离开关。

优点：对变压器的切除和投入较方便。任一变压器故障时，只须切除故障变压器，保证两条线路继续正常工作。

缺点：对电源进线回路操作不方便。任一供电线路故障时，须经复杂的倒闸操作后，才能恢复供电。

适用范围：电源线路较短，故障检修机会较少，但变电所负荷变动较大，且需经常切换变压器的总降压变电所。

1.3.2.4 线路-变压器组单元接线（图1-14）

优点：接线简单，所用电气设备少，配电装置简单，占地面积小，投资省。

缺点：当该单元中任一台设备故障或检修时，全部设备将停电。

这种接线可根据不同情况，在变压器高压侧装设不同的开关电器。

（1）装设隔离开关-熔断器（或跌落式熔断器）

适用范围：变压器容量≤500kV·A，且其低压侧装设低压断路器的三级负荷。

（2）装设负荷开关-熔断器

适用范围：变压器容量＞500kV·A 的三级负荷。

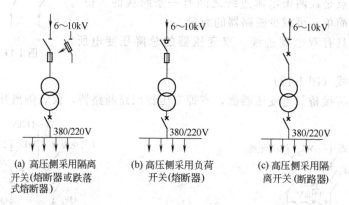

(a) 高压侧采用隔离
开关(熔断器或跌落
式熔断器)

(b) 高压侧采用负荷
开关(熔断器)

(c) 高压侧采用隔
离开关(断路器)

图1-14 单台变压器的变电所主接线

（3）装设隔离开关-断路器

适用范围：操作频繁或负荷要求供电可靠性较高的变压器。

1.3.3 电气主接线的绘制

（1）系统式主接线（图1-15）

系统式主接线中所有元件均只示出其相互连接关系，而不考虑具体安装位置。主要用于变电所内主接线挂图，供电设计也采用这种主接线。

（2）装置式主接线（图1-16）

装置式主接线中的所有元件按其安装位置的相互关系绘制。主要用于供电设计、作为安装施工图纸以及变电所内主接线挂图。

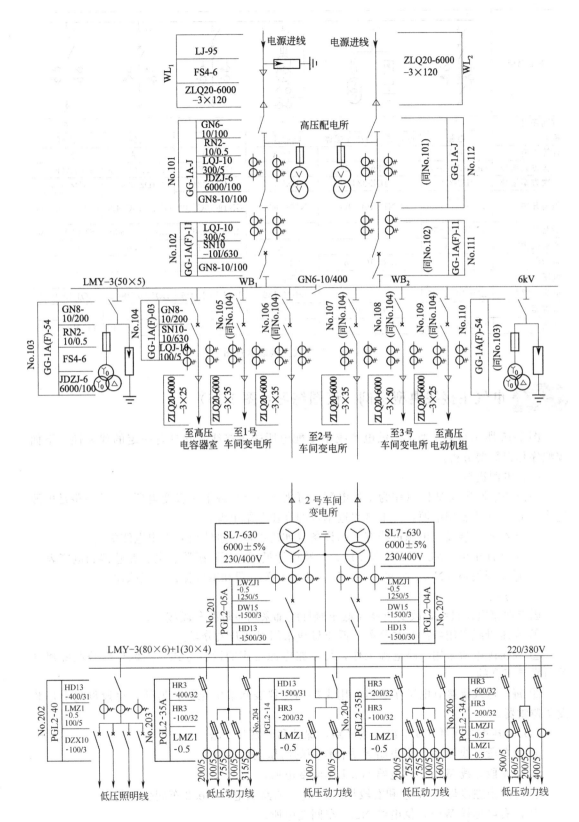

图 1-15　高压配电所及其附设 2 号车间变电所的主接线

主电路图	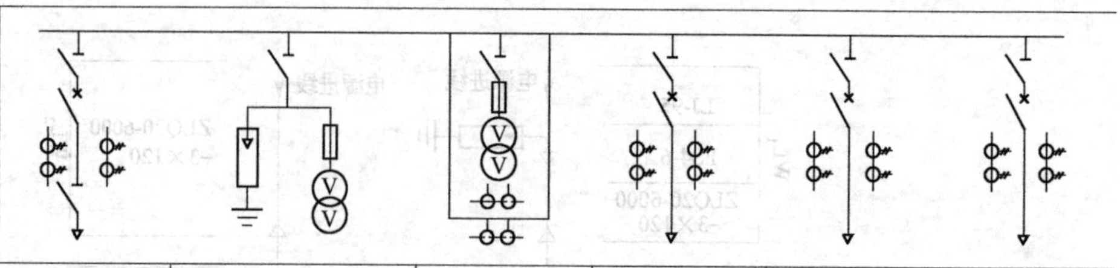					
排列序号	1	2	3	4	5	6
柜名	电源	避雷器及电压互感器	电能计量	出线	出线	出线
计算电流	90A		90A	40A	40A	23A
一次方案编号	GG-1A(F)-07	GG-1A(F)-55	JL-03	GG-1A(F)-03	GG-1A(F)-03	GG-1A(F)-03
二次方案编号	JDZ-316	JDZ-334	JDZ-314	JDZ-324	JDZ-324	JDZ-3264
隔离开关	GN19-$\frac{10C}{10}$/400	GN19-10C/400	GN19-10C/400	GN19-10C/400	GN19-10C/400	GN19-10C/400
断路器	SN10-10/630	—	—	SN10-10/630	SN10-10/630	SN10-10/630
操动机构	CT7-I	—	—	CT7-I	CT7-I	CT7-I
熔断器	—	RN2-10/0.5	RN2-10/0.5			
电压互感器	—	JDZ-10/0.1	JDZ-10/0.1			
电流互感器	LQJ-10-150/5	—	LQJ-10-150/5	LQJ-10-100/5	LQJ-10-100/5	LQJ-10-40/5
避雷器	—	FS3-10				
导线	YJLV$_{29}$-3×95	—	—	YJLV$_{29}$-3×35	YJLV$_{29}$-3×35	YJLV$_{29}$-3×35

图 1-16　装置式主接线示意图

1.3.4 电气主接线典型实例（读图练习：图 1-15）

图 1-15 所示是某中型工厂供电系统中变配电所的主接线，它具有一定的代表性。下面按顺序作出简要分析。

（1）电源进线

一路是电源进线 WL_1（作为工作电源，可来自发电厂或上一级变电所），另一路是电源进线 WL_2（作为备用电源，可来自邻近单位的高压联络电源）。

① 进线柜　装设与电源进线有关的设备（如避雷器、进线引入引出电缆等）。

② 电能计量柜（No.101 和 No.112）　装设计量用电压互感器、电流互感器和电度表。

③ 进线开关柜（No.102 和 No.111）　装设开关电器和继电保护用互感器。

（2）母线

因有两路电源进线，故变压器高低压侧母线都采用单母线分段接线。

① 高压母线采用隔离开关分段，低压母线采用刀闸开关分段。

② 高压配电所采用一路电源工作，另一路电源备用的运行方式，因此母线分段隔离开关通常是闭合的。

③ 每段母线都接有电压互感器，用来接测量仪表和继电保护。另外，每段母线上还装设了避雷器。

（3）高压配电出线（配电出线共 6 路，保护和监察共 2 路）

① 由左段母线 WB_1，供电给无功补偿用的高压电容器组。

② 由左段母线 WB_1，供电给 No.1 车间变电所。

③ 分别由左段母线 WB_1 和右段母线 WB_2，两路供电给 No.2 车间变电所。

④ 由右段母线 WB_2，供电给 No.3 车间变电所。

⑤ 由右段母线 WB_2，供电给 6kV 高压电动机组。

⑥ 分别由左段母线 WB₁ 和右段母线 WB₂，分别供电给两段母线的避雷器、绝缘监察柜（No. 103 和 No. 110）。

由于配电出线为母线侧来电，因此只需在断路器的母线侧装设隔离开关，就可以保证断路器和出线的安全检修。

（4）2 号车间配电

① 该车间变电所是由 6～10kV 降至 380/220V 的终端变电所。

② 该车间变电所采用双电源、双变压器供电，说明其一、二级负荷较多。

③ 低压侧母线（380/220V）采用单母线分段接线，并装有中性线。

④ 低压母线后的配电，采用 5 台 PGL2 型低压配电屏（No. 202～No. 206），配电给动力和照明。

任务 1.4　供电线路

【知识目标】　掌握高低压线路的接线方式

【能力目标】　读懂变电所高低压接线方式

【学习重点】　工厂供电线路

1.4.1　高压线路的供电方式

（1）单电源供电方式

单电源供电有放射式和树干式两种（图 1-17 和图 1-18），两种接线的性能对比如表 1-3 所示。

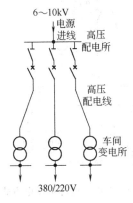

图 1-17　单电源放射式线路

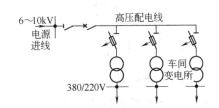

图 1-18　单电源树干式线路

（2）双电源供电方式

双电源供电方式有双放射式、双树干式和公共备用干线式等。

① 双放射式　即一个用户由两条放射式线路供电，如图 1-19(a) 所示。一条线路故障或检修时，用户可由另一条线路保持供电，因此其供电可靠性高，多用于对容量大的重要负荷供电。

② 双树干式　即一个用户由两条不同电源的树干式线路供电，如图 1-19(b) 所示。对

每个用户来说，都获得双电源，因此供电可靠性大大提高，可适用于对容量不太大、离供电点较远的重要负荷供电。

③ 公共备用干线式　即各个用户由单放射式线路供电，同时又从公共备用干线上取得备用电源，如图 1-19(c) 所示。

表 1-3　放射式接线与树干式接线对比

名　　称	放 射 式 接 线	树 干 式 接 线
接线图		
特点	每个用户由独立线路供电	多个用户由一条干线供电
优点	可靠性高，线路故障时只影响一个用户；操作、控制灵活	高压开关设备少，耗用导线也较少，投资省；易于适应发展，增加用户时不必另增线路
缺点	高压开关设备多，耗用导线也多，投资大；不适应发展，增加用户时，要增加较多线路和设备	可靠性较低，干线故障时全部用户停电；操作、控制不够灵活
适用范围	离供电点较近的大容量用户；供电可靠性要求高的重要用户	离供电点较远的小容量用户；不太重要的用户
提高可靠性的措施	改为双放射式接线，每个用户由两条独立线路供电；或增设公共备用干线	改为双树干式接线，重要用户由两路干线供电；或改为环形供电

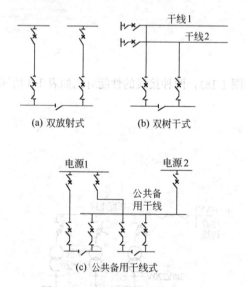

(a) 双放射式　　(b) 双树干式

(c) 公共备用干线式

图 1-19　双电源供电的接线方式

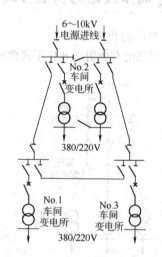

图 1-20　双电源的环形供电方式

对每个用户来说，都是双电源，可用于对容量不太大的多个重要负荷供电。

（3）环形供电方式（图 1-20）

环形供电方式实质是两端供电的树干式。

特点：采用"开口"运行方式，两条干线分开运行。

当任何一段线路故障或检修时，只需经短时间的停电切换后，即可恢复供电。

环形供电方式适用于对允许短时间停电的二、三级负荷供电。

1.4.2 低压线路的接线方式

工厂低压线路也有放射式、树干式和环形等几种基本接线方式。

（1）低压放射式（图1-21）

特点：各分支互不影响，供电可靠性高；但开关较多，且系统的灵活性较差。这种线路多用于供电可靠性要求较高的车间，特别适用于对大型设备供电。

（2）低压树干式（图1-22）

特点：与放射式相反，其系统灵活性好，采用的开关少；但干线发生故障时，影响范围大，所以供电可靠性较低。

① 普通树干式　常用于对工厂机加工车间的机床组供电。

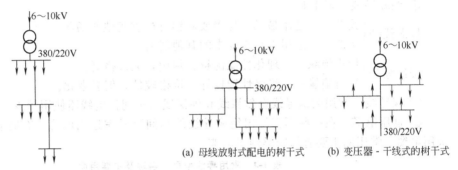

图1-21　低压放射式接线　　　　　(a) 母线放射式配电的树干式　(b) 变压器-干线式的树干式

图1-22　低压树干式接线

② 变压器-干线式［图1-22(b)］　可省去整套低压配电装置，而使变电所的结构大为简化，投资大为降低。

③ 链式接线（图1-23）　适用于用电设备距供电点较远而彼此相距很近、容量很小的次要用电设备。

链式相连的用电设备，一般不宜超过5台，总容量不超过10kW。

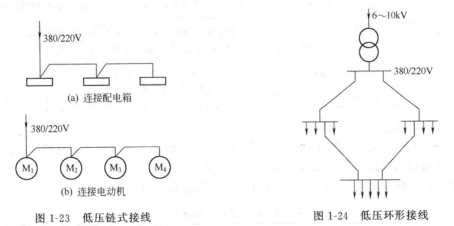

图1-23　低压链式接线　　　　　　图1-24　低压环形接线

（3）低压环形供电（图1-24）

一个工厂内所有车间变电所的低压侧，可以通过低压联络线互相接成环形，即环形供电。

低压环形供电的可靠性较高。任一段线路发生故障或检修时，都不至于造成供电中断，或者只是暂时中断供电，只要完成切换电源的操作，就能恢复供电。

环形供电可使电能损耗和电压损耗减少，既能节约电能，又容易保证电压质量。

综上所述，在工厂的低压配电系统中，往往是几种接线方式的有机组合，依具体情况而定。一般情况下，当大部分用电设备容量不很大且无特殊要求时，宜采用树干式接线，这主要是因为树干式接线较放射式配电经济，且有成熟的运行经验。

1.4.3　车间供电线路

车间供电线路一般均采用交流 380/220V、中性点直接接地的三相四线制供电系统，包括室内配电线路和室外配电线路。

室内（即车间内）配电线路的干线一般采用绝缘导线，特殊情况采用电缆。室外配电线路包括车间之间短距离的低压配电线路，一般均采用绝缘导线。

（1）常用导线类型

① 绝缘导线（表1-4）

按芯线分 { 铜芯——适用易燃、易爆或对铝有严重腐蚀的场所。
铝芯——适用无特殊要求的其他场所。

按绝缘分 { 橡皮绝缘——理化性能优越、耐用，但价格高。
塑料绝缘——绝缘性能良好，价格较低，但易老化。

② 裸导线　常用的裸导线有软裸线和硬裸线（车间供电线路使用较少）。

③ 低压电缆　在一些不宜使用绝缘导线的车间可考虑选用电缆，有时临时拉接电源也采用电缆。常用的主要有橡胶类绝缘电缆。

表1-4　常用导线型号、名称及主要用途

型号 铜芯	铝芯	名　称	主　要　用　途
BX	BLX	棉纱编织橡皮绝缘导线	用于不需要特别柔软电线的干燥或潮湿场所，作固定敷设之用，宜于室内架空或穿管敷设
BBX	BBLX	玻璃丝编织橡皮绝缘导线	（同上）但不宜穿管敷设
BXR	—	棉纱编织橡皮绝缘导线	敷设于干燥或潮湿厂房中，作电器设备（如仪表、开关等）活动部件的连接线之用，以及需要特软电线之处
BXG	RLXG	棉纱编织、浸渍、橡皮绝缘导线（单芯或多芯）	穿入金属管内，敷设于潮湿房间，或有导电灰尘，腐蚀性瓦斯蒸气，易爆炸的房间；有坚固保护层以避免穿过地板、天棚、基础时受机械损伤之处
BV	BLV	塑料绝缘导线	用于耐油、耐燃、潮湿的房间内，作固定敷设之用
BVV	BLVV	塑料绝缘塑料护套线（单芯及多芯）	用于耐油、耐燃、潮湿的房间内，作固定敷设之用
—	BLXF	氯丁橡皮绝缘导线	具有抗油性，不易霉，不延燃，制造工艺简单，耐日光，耐大气老化等优点，适宜于穿管及户外敷设
BVR	—	塑料绝缘软线	适用于室内，作仪表、开关连接之用以及要求柔软导线之处

（2）车间动力电气平面布线图

电气平面布线图是在建筑平面图上，应用国家规定的图形符号和文字符号，按照电气设备安装位置及电气线路的敷设方式、部位和路径绘出的电气系统图。

表1-5 表示电力设备的标注方法，表1-6 表示线路敷设的文字代号。

表1-5　电力设备的标注方法

标注方式	$\dfrac{a}{b}$ $\dfrac{a}{b}\Big\|\dfrac{c}{d}$	一般标注方法 $a\dfrac{b}{c}$ $a-b-c$ 当需要标注引入线规格时 $a\dfrac{b-c}{d(e\times f)-g}$	一般标注方法 $a\dfrac{b}{c/i}$ $a-b-c/i$ 当需要标注引入线的规格时 $a\dfrac{b-c/i}{d(e\times f)-g}$

续表

说　明	用电设备 a——设备编号 b——设备功率,kW c——线路首端熔体或低压断路器脱扣器的电流,A d——标高,m	配电设备 a——设备编号 b——设备型号 c——设备功率,kW d——导线型号 e——导线根数 f——导线截面,mm² g——导线敷设方式及部位	开关及熔断器 a——设备编号 b——设备型号 c——额定电流,A i——整定电流,A d——导线型号 e——导线根数 f——导线截面 g——导线敷设方式

表 1-6　线路敷设方式及部位的文字代号

敷设方式的文字代号				敷设部位的文字代号	
敷设方式	代　号	敷设方式	代　号	敷设部位	代　号
明敷	M	用卡钉敷设	QD	沿梁下弦	L
暗敷	A	用槽板敷设	CB	沿柱	Z
用钢索敷设	S	穿焊接钢管敷设	G	沿墙	Q
用瓷瓶敷设	CP	穿电线管敷设	DG	沿天花板	P
用瓷夹敷设	CJ	穿塑料管敷设	VG	沿地板	D

　　读图练习：图 1-25 所示是机加工车间的动力电气平面布线图示例。

　　① 动力配电箱的规格为 XL-14-8000,该配电箱设有 8 路 60A 熔断器。

　　② 引入电源线为 BBLX-500(3×25+1×16)G40-DA,它表示采用三根 25mm²（作相线）、一根 16mm²（作中性线）、耐压 500V 的铝心橡皮线,穿内径为 40mm 的焊接钢管且地板暗敷。

　　③ 35♯ 和 36♯ 机床各有 2 台电动机,功率为 10kW 和 0.125kW。37♯～42♯ 机床共有 6 台电动机,功率为 7.5kW 和 0.125kW。

　　④ 动力配电箱配出线,采用放射式。

　　对于设备台数很多的车间,如果每条导线的型号、截面、敷设方式等都在图上标出,则图面很杂乱,通常在平面布线图上只标出干线和配电箱及各配电箱所接的用电设备的编号,其余的可列表或加注说明。

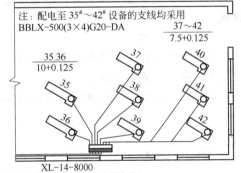

图 1-25　机加工车间（一角）的动力电气平面布线图

![小结]

　　(1) 供电系统

　　工厂供电是指工厂所需电能的供应和分配问题。

　　对工厂供电的基本要求是：安全、可靠、优质、经济。

　　工厂供电系统由工厂总降压变电所（高压配电所）、高压配电线路、车间变电所、低压配电线路及用电设备组成。变电所的任务是接受电能、变换电压和分配电能；配电所的任务是接受电能和分配电能。

大型工厂和负荷较大的中型工厂，一般采用 35～110kV 电源进线，且具有总降压变电所的二次变压供电系统。

一般中型工厂，多采用 6～10kV 电源进线，经高压配电所将电能分配给各车间变电所，进行一次变压。在条件允许时，某些工厂也采用将 35kV 电源进线直接引入负荷中心，进行一次变压。

小型工厂，通常只设相当于大中型工厂车间变电所的供电系统。某些无高压用电设备且总用电设备容量较小的小型工厂，可直接采用 380/220V 低压供电。

（2）额定电压

供电质量的主要指标是电压和频率。电压和频率的偏移或畸变将给电能用户造成危害。

额定电压是指用电设备处于最佳运行状态的工作电压。一般用电设备的工作电压允许在额定电压的 ±5% 范围内变动。

中国规定了供电系统各环节（发电机、电力变压器，电力线路、用电设备）的额定电压。在同一电压等级中，供电系统各环节的额定电压并不都相同。

工厂供电电压的选择主要取决于地区电力网的电压、工厂用电设备的总容量和电能输送距离等因素。对采用 6～10kV 电压的工厂，应首选 10kV 作为工厂的供电电压。

（3）电气主接线

电气主接线是指由各种主要电气设备按一定顺序连接而成的，接受和分配电能的总电路图。

电气主接线的基本形式有：单母线接线、双母线接线、桥式接线和线路-变压器组单元接线。

（4）供电线路

工厂高低压线路主要有放射式、树干式和环形供电方式。实际应用时，可根据具体情况进行不同接线方式的组合。

工厂和车间低压供电线路大多采用绝缘导线。

习题 1

1-1 什么是工厂供电？对工厂供电工作有哪些基本要求？

1-2 工厂供电系统由哪几部分组成？

1-3 什么叫电力系统和电力网？电力系统由哪几部分组成？

1-4 衡量电能质量的两个基本指标是什么？

1-5 什么是额定电压？中国三相系统额定电压有哪些等级？

1-6 为什么规定发电机的额定电压要高于所供电线路额定电压 5%？

1-7 变压器额定一次电压，为什么规定有的应与供电电网额定电压相同，有的要高于供电电网额定电压 5%？

1-8 变压器的额定二次电压，为什么规定有的要高于其二次侧电网额定电压 5%，有的要高于其二次侧电网额定电压 10%？

1-9 试确定图 1-26 中变压器 T1 的一、二次绕组额定电压和线路 WL₁、WL₂ 的额定电压。

1-10 试确定图 1-27 中发电机和所有变压器额定电压。

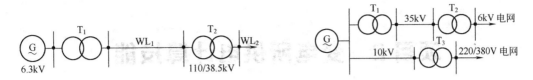

图 1-26 习题 1-9 用图   图 1-27 习题 1-10 用图

1-11 对工厂变电所的电气主接线有哪些基本要求？

1-12 工厂变电所常用的主接线有哪些基本形式？

1-13 单母线分段与不分段两种接线方式各有什么优缺点？

1-14 内桥和外桥接线各适用于什么样的变电所？

1-15 电气主接线有几种绘制方式？各适用什么场合？

1-16 试比较放射式与树干式供电的优缺点？并说明其适用范围？

1-17 某电气平面布线图上，标注有 BLV-500(3×70＋1×35)G70-QM，试说明各文字符号的含义。

项目2 变电所供电计算技能

任务2.1 电力负荷计算

【知识目标】 掌握工厂电力负荷及其计算
【能力目标】 具有确定中小型工厂电力负荷的能力
【学习重点】 工厂电力负荷及其计算

2.1.1 电力负荷

电气设备所消耗的功率或线路中流过的电流称为电力负荷。

电力负荷根据其重要性可分为一级负荷、二级负荷、三级负荷。

（1）一级负荷

一级负荷属于非常重要负荷。这类负荷在供电突然中断时，将造成人身伤亡的危险，或给国家造成不良影响，或给国民经济带来重大损失。

一级负荷是绝对不允许停电的。因此，一级负荷要求必须具有两个相互独立的电源供电。所谓相互独立电源是指此两个电源之间无直接联系（例如两个电源来自不同的发电厂或变电所），当任一电源因故障而停止供电，另一电源不能受影响，可以继续供电。对有特殊要求的一级负荷，还应备有应急电源（如蓄电池、快速启动柴油发电机、不间断电源装置 UPS 等）。

（2）二级负荷

二级负荷属于重要负荷。这类负荷如突然停电，将对国家政治造成一定影响或给国民经济造成一定的损失。

二级负荷在工业企业中所占比例较大，通常大中企业连续生产的大部分负荷多为二级负荷。

二级负荷应尽量保证不停电或只是短时停电。因此，二级负荷原则上要求两路电源供电，并尽量做到当发生变压器或线路故障时不致中断供电，以提高供电的可靠性。仅当用电负荷较小或当地供电较困难时，也可由一路专用电源供电。

（3）三级负荷

即一般负荷，所有不属于一、二级负荷者均为三级负荷。三级负荷对供电电源无特殊要求。

2.1.2 用电设备工作制

工厂用电设备种类很多，它们的用途和工作的特点也不相同，按其工作制不同可划分为三类。

（1）长期工作制

此类用电设备连续工作的时间较长（在半小时以上）。如各类泵、通风机、压缩机、机械化运输设备、电阻炉、照明设备等。

（2）短时工作制

此类用电设备工作的时间短而停歇时间很长。如机床上的某些辅助电动机、水闸用电动机等。

（3）断续周期工作制

此类设备工作时间短，停歇时间也短，以断续方式反复交替工作，其周期<10min。如电焊机和吊车电动机。

断续周期工作制的设备，通常用暂载率（又称负荷持续率）来描述其工作性质。暂载率是指一个周期内工作时间与工作周期的百分比值。

断续周期工作设备的额定容量，一般是对应某一标准暂载率的。

2.1.3 电力负荷的计算

2.1.3.1 计算负荷的概念

工厂供电系统运行时的实际负荷并不等于所有用电设备额定功率之和。因为：

① 用电设备不可能全部同时运行；

② 每台设备也不可能全部满负荷；

③ 各种用电设备的功率因数也不可能完全相同。

计算负荷：从满足用电设备发热条件的角度，用以计算的负荷功率（或电流）。

在设计计算中，将"半小时最大负荷"（30min）作为计算负荷，记作：

P_{30}有功计算负荷、Q_{30}无功计算负荷、S_{30}视在计算负荷。

2.1.3.2 用电设备组计算负荷的确定

工厂常用需要系数法来确定计算负荷。此法应用广泛，适合于不同类型的各种企业，计算结果也基本符合实际。

工作步骤：先确定计算范围（如某低压干线上的所有设备）；将用电设备额定功率 P_N 换算到同一工作制下（即设备容量 P_e）；将同类用电设备合并成组，计算出每一用电设备组的计算负荷；汇总各级计算负荷得到总的计算负荷。

（1）设备容量 P_e 的确定

① 长期工作制、短期工作制的设备容量 P_e 等于其铭牌功率 P_N。

② 断续周期工作制。

起重机（吊车）P_N，统一换算到 $\varepsilon_N=25\%$；电焊机 P_N，统一换算到 $\varepsilon_N=100\%$。具体换算如下：

$$起重机 \qquad P_e=\sqrt{\varepsilon_N/\varepsilon_{25}}P_N=2\sqrt{\varepsilon_N}P_N \tag{2-1}$$

$$电焊机 \qquad P_e=\sqrt{\varepsilon_N/\varepsilon_{100}}S_N\cos\varphi=\sqrt{\varepsilon_N}S_N\cos\varphi \tag{2-2}$$

式中 P_N、S_N——设备铭牌的额定功率（kW）和额定容量（kV·A）；

$\quad\varepsilon_N$——设备铭牌的额定暂载率；

$\quad\varepsilon_{25}$——吊车标准暂载率，$\varepsilon_{25}=0.25$；

$\quad\varepsilon_{100}$——电焊机标准暂载率，$\varepsilon_{100}=1.0$；

$\quad\cos\varphi$——设备的功率因数。

（2）需要系数 K_d 的含义

需要系数 K_d 指用电设备运行中，影响计算负荷诸多因素综合而成的一个系数。

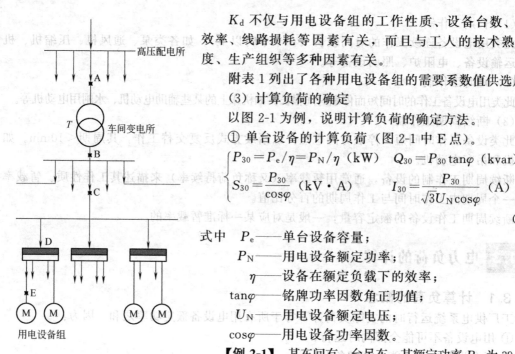

图 2-1　工厂供电系统中各点
计算负荷的确定

K_d 不仅与用电设备组的工作性质、设备台数、设备效率、线路损耗等因素有关，而且与工人的技术熟练程度、生产组织等多种因素有关。

附表 1 列出了各种用电设备组的需要系数值供选用。

(3) 计算负荷的确定

以图 2-1 为例，说明计算负荷的确定方法。

① 单台设备的计算负荷（图 2-1 中 E 点）。

$$\begin{cases} P_{30}=P_e/\eta=P_N/\eta \text{ (kW)} \qquad Q_{30}=P_{30}\tan\varphi \text{ (kvar)} \\ S_{30}=\dfrac{P_{30}}{\cos\varphi} \text{ (kV·A)} \qquad I_{30}=\dfrac{P_{30}}{\sqrt{3}U_N\cos\varphi} \text{ (A)} \end{cases}$$

$$(2\text{-}3)$$

式中　P_e——单台设备容量；

　　　P_N——用电设备额定功率；

　　　η——设备在额定负载下的效率；

　　$\tan\varphi$——铭牌功率因数角正切值；

　　　U_N——用电设备额定电压；

　　$\cos\varphi$——用电设备功率因数。

【例 2-1】　某车间有一台吊车，其额定功率 P_N 为 39.6kW（$\varepsilon_N=40\%$），$\eta=0.8$，$\cos\varphi=0.5$，其设备容量为多少？

解： 由式(2-1)

$$P_e=2\sqrt{\varepsilon_N}P_N=2\times39.6\times\sqrt{0.4}=50\text{kW}$$

【例 2-2】　某 220V 电焊变压器，$S_N=42\text{kV·A}$，$\varepsilon_N=60\%$，$\cos\varphi=0.62$，$\eta=0.92$，试求该电焊变压器的计算负荷？

解： 由式(2-2)

$$P_e=S_N\sqrt{\varepsilon_N}\cos\varphi=42\times\sqrt{0.6}\times0.62=20.2\text{kW}$$

其计算负荷为

$$P_{30}=P_e/\eta=20.2/0.92=21.9\text{kW}$$

$$Q_{30}=P_{30}\tan\varphi=21.9\times1.26=27.6\text{kvar}$$

$$S_{30}=\frac{P_{30}}{\cos\varphi}=\frac{21.9}{0.62}=35.3\text{kV·A}$$

$$I_{30}=\frac{P_{30}}{\sqrt{3}U_N\cos\varphi}=\frac{21.9}{\sqrt{3}\times0.22\times0.62}=92.7\text{A}$$

② 单组用电设备的计算负荷（图 2-1 中 D 点）。

单组用电设备组是指用电设备性质相同的一组设备，即 K_d 相同。

$$\begin{cases} P_{30}=K_dP_{e\Sigma} \\ Q_{30}=P_{30}\tan\varphi \\ S_{30}=\sqrt{P_{30}^2+Q_{30}^2} \\ I_{30}=\dfrac{S_{30}}{\sqrt{3}U_N}=\dfrac{P_{30}}{\sqrt{3}U_N\cos\varphi} \end{cases}$$

$$(2\text{-}4)$$

式中　$P_{e\Sigma}$——设备组容量总和（备用不计入）；

　　　K_d——设备组需要系数，从附表 1 查得；

　　　U_N——设备组额定线电压；

$\tan\varphi$——该设备组功率因数角正切值，由附表 1 查得。

【例 2-3】 某化工厂机修车间采用 380V 供电，低压干线上接有冷加工机床 34 台，其中 11kW 1 台，4.5kW 8 台，2.8kW 15 台，1.7kW 10 台，试求该机床组的计算负荷？

解： 该设备组的总容量为

$$P_{e\Sigma}=11\times1+4.5\times8+2.8\times15+1.7\times10=106\text{kW}$$

查附表 1，$K_d=0.16\sim0.2$（取 0.2），$\tan\varphi=1.73$，$\cos\varphi=0.5$。

有功计算负荷 $\qquad P_{30}=0.2\times106=21.2\text{kW}$

无功计算负荷 $\qquad Q_{30}=21.2\times1.73=36.68\text{kvar}$

视在计算负荷 $\qquad S_{30}=\sqrt{21.2^2+36.68^2}=42.4\text{kV}\cdot\text{A}$

计算电流 $\qquad I_{30}=\dfrac{42.4}{\sqrt{3}\times0.8}=64.4\text{A}$

③ 低压干线的计算负荷（图 2-1 中 C 点）

低压干线上的用电设备是由多组不同工作制的用电设备组合的，如通风机组、机床组、水泵组等，其计算负荷确定如下。

$$
\begin{cases}
P_{30}=K_{\Sigma1}\displaystyle\sum_{i=1}^{n}P_{30(i)}\\[2mm]
Q_{30}=K_{\Sigma1}\displaystyle\sum_{i=1}^{n}Q_{30(i)}\\[2mm]
S_{30}=\sqrt{P_{30}^2+Q_{30}^2}\\[2mm]
I_{30}=\dfrac{S_{30}}{\sqrt{3}U_N}
\end{cases}
\tag{2-5}
$$

式中　$P_{30(i)}$，$Q_{30(i)}$——D 层面各用电设备组的有功、无功计算负荷；

$\qquad\quad K_{\Sigma1}$——低压干线同时系数，可取 $K_{\Sigma1}=0.85\sim0.97$，视负荷多少而定。

值得指出的是，由于各组的 $\cos\varphi$ 不一定相同，低压干线的 S_{30} 与 I_{30} 不能用各组的 $S_{30(i)}$ 与 $I_{30(i)}$ 之和来计算。

【例 2-4】 某机修车间 380V 低压干线（图 2-1），接有如下设备。

① 小批量冷加工机床电机：7kW 3 台，4.5kW 8 台，2.8kW 17 台，1.7kW 10 台。

② 吊车电动机：$\varepsilon_N=15\%$ 时铭牌容量为 18kW、$\cos\varphi=0.7$，共 2 台，互为备用。

③ 专用通风机：2.8kW 有 2 台。

试用需要系数法求各用电设备组和低压干线（图 2-1 中 C 点）的计算负荷。

解： ① 冷加工机床组。

设备容量：$\quad P_{e(1)}=(7\times3+4.5\times8+2.8\times17+1.7\times10)=121.6\text{kW}$

查附表 1，取 $K_d=0.2$，$\cos\varphi=0.5$，$\tan\varphi=1.73$。

则

$$P_{30(1)}=K_dP_{e(1)}=0.2\times121.6=24.24\text{kW}$$

$$Q_{30(1)}=P_{30(1)}\tan\varphi=24.24\times1.73=41.94\text{kvar}$$

② 吊车组（备用容量不计入）。

设备容量：$\quad P_{e(2)}=2\sqrt{\varepsilon_N}P_N=2\times\sqrt{0.15}\times18=13.94\text{kW}$

查附表 1，取 $K_d=0.15$，$\cos\varphi=0.5$，$\tan\varphi=1.73$。

则

$$P_{30(2)}=K_dP_{e(2)}=0.15\times13.94=2.1\text{kW}$$

$$Q_{30(2)}=P_{30(2)}\tan\varphi=2.1\times1.73=3.63\text{kvar}$$

③ 通风机组。

设备容量：$P_{e(3)}=2\times2.8=5.6\text{kW}$

查附表 1，取 $K_d=0.8$，$\cos\varphi=0.8$，$\tan\varphi=0.75$。

则

$$P_{30(3)}=K_d P_{e(3)}=0.8\times5.6=4.48\text{kW}$$

$$Q_{30(3)}=P_{30(3)}\tan\varphi=5.6\times0.75=3.36\text{kvar}$$

④ 低压干线的计算负荷（取 $K_{\Sigma1}=0.9$）。

总有功功率：

$$P_{30}=K_{\Sigma1}[P_{30(1)}+P_{30(2)}+P_{30(3)}]=0.9\times(24.24+2.1+4.48)=25.94\text{kW}$$

总无功功率

$$Q_{30}=K_{\Sigma1}[Q_{30(1)}+Q_{30(2)}+Q_{30(3)}]=0.9\times(41.94+3.63+3.36)=44.04\text{kvar}$$

总视在功率

$$S_{30}=\sqrt{P_{30}^2+Q_{30}^2}=\sqrt{25.94^2+44.04^2}=51.11\text{kV}\cdot\text{A}$$

总计算电流

$$I_{30}=\frac{S_{30}}{\sqrt{3}U_N}=\frac{51.11}{\sqrt{3}\times0.38}=77.66\text{A}$$

④ 低压母线的计算负荷（图 2-1 中 B 点）。

在确定 B 点的计算负荷时，也引入一个同时系数 $K_{\Sigma2}$，即

$$
\begin{cases}
P_{30}=K_{\Sigma2}\sum_{i=1}^{n}P_{30(i)} \\[2mm]
Q_{30}=K_{\Sigma2}\sum_{i=1}^{n}Q_{30(i)} \\[2mm]
S_{30}=\sqrt{P_{30}^2+Q_{30}^2} \\[2mm]
I_{30}=\dfrac{S_{30}}{\sqrt{3}U_N}
\end{cases}
\tag{2-6}
$$

式中　$K_{\Sigma2}$——各低压干线最大负荷同时系数，一般可取 $0.8\sim0.9$；

　　　n——低压干线数。

2.1.4　全厂计算负荷的确定

在确定低压干线或车间低压母线的计算负荷后，如要确定全厂的计算负荷，还需要逐级计入工厂有关线路和变压器的功率损耗。

2.1.4.1　供电系统的功率损耗

（1）线路功率损耗的计算

供电线路的三相有功功率损耗和三相无功功率损耗为

$$
\begin{cases}
\Delta P_{WL}=3I_{30}^2 R_{WL}\times10^{-3}\quad(\text{kW}) \\[2mm]
\Delta Q_{WL}=3I_{30}^2 X_{WL}\times10^{-3}\quad(\text{kvar})
\end{cases}
\tag{2-7}
$$

式中　I_{30}——线路计算电流；

　　　R_{WL}——线路每相电阻；

　　　X_{WL}——线路每相电抗。

其中，$R_{WL}=R_0 l$，$X_{WL}=X_0 l$，l 为线路长度，R_0 和 X_0 为线路单位长度的电阻和电抗

值，可查有关手册或本书附表。

【例 2-5】 有一条 35kV 高压线路给某工厂变电所供电。已知该线路长度为 12km；采用钢芯铝线 LGJ-70，导线的几何均距为 2.5m，变电所的总视在计算负荷 $S_{30} = 4917\text{kV} \cdot \text{A}$，试计算此高压线路的有功功率损耗和无功功率损耗。

解： 查附表 9，知 LGJ-70 的 $R_0 = 0.48\Omega/\text{km}$，当几何均距为 2.5m 时，$X_0 = 0.40\Omega/\text{km}$。由式(2-7) 可得

$$\Delta P_{\text{WL}} = 3\frac{S_{30}^2}{U_N^2}R_{\text{WL}} \times 10^{-3} = 3 \times \frac{4917^2}{35^2} \times 0.48 \times 12 \times 10^{-3} = 341\text{kW}$$

$$\Delta Q_{\text{WL}} = 3\frac{S_{30}^2}{U_N^2}X_{\text{WL}} \times 10^{-3} = 3 \times \frac{4917^2}{35^2} \times 0.4 \times 12 \times 10^{-3} = 284.2\text{kvar}$$

（2）电力变压器的功率损耗

变压器的功率损耗由有功损耗 ΔP_T 与无功损耗 ΔQ_T 两部分组成。在一般的负荷计算中，变压器有功损耗和无功损耗可以用下式估算。

对普通变压器
$$\begin{cases} \Delta P_T \approx 0.02S_{30} \\ \Delta Q_T \approx 0.08S_{30} \end{cases} \quad (2\text{-}8)$$

对低损耗变压器
$$\begin{cases} \Delta P_T \approx 0.015S_{30} \\ \Delta Q_T \approx 0.06S_{30} \end{cases} \quad (2\text{-}9)$$

【例 2-6】 某车间选用变压器的型号为 SJL1-1000/10，该车间的 $S_{30} = 800\text{kV} \cdot \text{A}$，试计算该车间变压器的有功损耗和无功损耗。

解： 从型号知，该变压器为普通变压器，故由式(2-8) 得

$$\Delta P_T \approx 0.02S_{30} \approx 0.02 \times 800 = 16\text{kW}$$

$$\Delta Q_T \approx 0.08S_{30} \approx 0.08 \times 800 = 64\text{kvar}$$

2.1.4.2 无功功率的补偿

（1）无功补偿的意义与途径

已知，功率因数 $\cos\varphi$ 值的大小反映了用电设备在消耗了一定数量有功功率的同时，向供电系统取用无功功率的多少，功率因数高（如 $\cos\varphi = 0.9$），则取用的无功功率少，功率因数低（如 $\cos\varphi = 0.5$），则取用的无功功率大。

功率因数过低，对供电系统是很不利的，它使供电设备（如变压器、输电线路等）电能损耗增加，供电电网的电压损失加大，同时也降低了供电设备的供电能力。因此，提高功率因数对节约电能，提高经济效益具有重要的意义。

一般情况下，绝大多数工厂的自然功率因数往往达不到国家的要求。这是因为在工厂中大量使用感应电动机、变压器、电焊机等，使得无功感性负荷占的比重较大，进而功率因数 $\cos\varphi$ 较低。

提高功率因数，通常有两个途径：一是优先采用自然功率因数高的设备，同时提高电动机、变压器等设备的负荷率，或是降低用电设备的感性无功功率；二是采用人工补偿装置来提高功率因数，即在供电系统中，人为地投入无功容性负荷，以容性负荷抵消感性负荷，减少无功损耗，达到无功负荷的平衡，提高功率因数。

（2）无功补偿容量的确定

中国电力规程规定：对于高压供电的工厂，最大负荷功率因数应为 $\cos\varphi \geqslant 0.9$；其他工厂，$\cos\varphi \geqslant 0.85$。如达不到上述要求，工厂必须进行人工无功补偿，以提高工厂的功率因数。

如图 2-2 所示，为改变功率因数的向量图。若有功功率 P_{30} 不变，加装无功补偿装置后，无功功率 Q_{30} 减少到 Q'_{30}，视在功率 S_{30} 也相应地减少到 S'_{30}，则功率因数从无功补偿前的

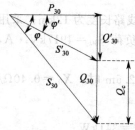
图 2-2　功率因数的提高

$cos\varphi$ 提高到无功补偿后 $cos\varphi'$，此时 $Q_{30}-Q'_{30}$ 就是无功功率补偿的容量 Q_c，即

$$Q_c=Q_{30}-Q'_{30}=P_{30}(\tan\varphi-\tan\varphi')=P_{30}\Delta q_c \qquad (2\text{-}10)$$

式中　$\tan\varphi$，$\tan\varphi'$——补偿前、后功率因数角的正切值。

$\Delta q_c=\tan\varphi-\tan\varphi'$ 称为无功补偿率，其单位为 kvar/kW，其值可查附表 7。

在工厂中，人工补偿设备一般采用并联电力电容器装置（见附表 8）。

在计算出补偿容量 Q_c 后，可按附表 8 选取适当的电容器，并计算出电力电容器所需个数。需要指出，如果选择单相电容器，则电容器的个数应取 3 的倍数，以便三相对称分配。

无功补偿的并联电容器，可装设在工厂变电所进户的高压母线上，用于提高全厂的功率因数；也可装设在车间变电所的低压母线上，用于提高车间的功率因数。

（3）无功补偿后工厂计算负荷的确定

装设了无功补偿并联电容器后，能使装设地点前的供电系统减少相应的无功损耗。补偿后计算负荷按以下公式确定。

$$\begin{cases} P'_{30}=P_{30} \\ Q'_{30}=Q_{30}-Q_c \\ S'_{30}=\sqrt{P'^2_{30}+Q'^2_{30}} \\ I'_{30}=\dfrac{S'_{30}}{\sqrt{3}U_N} \end{cases} \qquad (2\text{-}11)$$

【例 2-7】　某厂变电所有一台低损耗变压器，其低压侧 $P_{30(2)}=1387\text{kW}$，$Q_{30(2)}=982\text{kvar}$。按规定工厂（即高压侧）的功率因数不得低于 0.9，问该厂变压器低压侧要补偿多大的无功容量才能满足功率因数的要求？

解：补偿前

低压侧　　　　$S_{30(2)}=\sqrt{P^2_{30(2)}+Q^2_{30(2)}}=\sqrt{1387^2+982^2}=1699\text{kV·A}$

$$\cos\varphi_{(2)}=\frac{P_{30(2)}}{S_{30(2)}}=\frac{1387}{1699}=0.82$$

显然低压侧功率因数较低，考虑变压器也要消耗无功功率，若高压侧 $\cos\varphi_{(1)}$ 不得低于 0.9，则低压侧取 $\cos\varphi'_{(2)}=0.92\sim0.93$，才能满足要求。现取 0.93，由式(2-10)可得低压侧无功补偿容量为

$$Q_c=P_{30(2)}(\tan\varphi-\tan\varphi')=1387\times(\tan\cos^{-1}0.82-\tan\cos^{-1}0.93)$$
$$=1387\times0.303=420\text{kvar}$$

补偿后

低压侧　　　　　　　　　　$P'_{30(2)}=1387\text{kW}$

$$Q'_{30(2)}=Q_{30(2)}-Q_c=982-420=562\text{kvar}$$

$$S'_{30(2)}=\sqrt{P'^2_{30(2)}+Q'^2_{30(2)}}=\sqrt{1387^2+562^2}=1496.5\text{kV·A}$$

变压器损耗　　$\Delta P_T\approx0.015S'_{30(2)}=0.015\times1496.5=22.5\text{kW}$

$$\Delta Q_T\approx0.06S'_{30(2)}=0.06\times1496.5=89.8\text{kvar}$$

高压侧　　　　$S'_{30(1)}=\sqrt{(P'_{30(2)}+\Delta P_T)^2+(Q'_{30(2)}+\Delta Q_T)^2}$
$$=\sqrt{(1387+22.5)^2+(562+89.8)^2}$$
$$=1552.9\text{kV·A}$$

工厂功率因数 $\cos\varphi_{(1)} = \dfrac{P_{30(1)}}{S'_{30(1)}} = \dfrac{(1387+22.5)}{1552.9} = 0.908 > 0.9$ 满足要求。

2.1.4.3 全厂计算负荷的确定

在讨论了工厂供电系统各个环节计算负荷的基础上，可以进一步讨论全厂计算负荷的确定。由于篇幅限制，这里结合前述内容，仅介绍采用逐级计算法确定全厂计算负荷。

（1）全厂计算负荷确定步骤

以图2-1所示工厂供电系统电力负荷计算示意图为例加以说明。

采用逐级负荷计算法确定全厂计算负荷时，应从用电末端（负荷端）逐级向上推至电源进线端，其计算程序如下。

① 确定用电设备的设备容量（图中E点）。

② 确定用电设备组的计算负荷（图中D点）。

③ 确定车间低压干线（图中的C点）或变电所低压母线（图中的B点）的计算负荷。

④ 确定车间变电所高压侧（图中的A点）的计算负荷。（高压侧计算负荷应等于低压侧进线计算负荷与变压器的功率损耗之和）

⑤ 确定全厂总计算负荷，即确定高压配电所高压母线的计算负荷。（应为各车间变电所高压侧计算负荷之和）

⑥ 若将总降压变电所代替高压配电所，则其低压母线上的计算负荷（即各车间变电所高压侧计算负荷之和）加上总降压变压器的功率损耗，即为全厂总的计算负荷。

（2）全厂计算负荷负荷确定实例

某石化涤纶厂变电所的双回路10kV电缆线路给六个车间及全厂照明供电。用电设备电压均为380V，各车间负荷大部分是二级负荷。负荷情况及计算负荷确定结果如表2-1所示。

表2-1 全厂计算负荷表

车间	设备容量	需要系数 K_d	$\tan\varphi$	最大负荷时 $\cos\varphi$	计算负荷 P_{30}/kW	Q_{30}/kvar	S_{30}/(kV·A)	I_{30}/A
冷冻	449.7	0.49	0.8	0.78	220.4	176.3	282.2	428.8
固聚	533.0	0.68	0.54	0.88	362.4	195.7	411.9	625.8
空压	309.1	0.41	0.43	0.92	126.7	54.5	137.9	209.5
纺丝	410.3	0.45	0.65	0.84	221.6	144.0	264.3	401.6
长丝	886.7	0.65	0.94	0.73	576.4	541.9	779.1	1202.0
三废	488.8	0.4	0.48	0.9	195.5	93.8	216.8	329.4
照明	110.9	0.36	0.54	0.88	39.9	21.5	45.4	68.8
合计 3188.5					1733.8	1227.5	2124.3	
合计($K_\Sigma=0.8$)					1387	982	1699.4	
全厂补偿低压电容器总容量						−420		
全厂补偿后合计（低压侧）				0.93	1387	562	1496.5	
变压器损耗					22.5	89.8		
合计（高压侧）				0.908	1409.5	651.8	1552.9	89.66

以冷冻车间为例进行说明。

$$P_{30(1)} = K_d P_e = 0.49 \times 449.7 = 220.4\text{kW}$$

$$Q_{30(1)} = P_{30}\tan\varphi = 220.4 \times 0.8 = 176.3\text{kvar}$$

$$S_{30(1)} = \sqrt{P_{30}^2 + Q_{30}^2} = \sqrt{220.4^2 + 176.3^2} = 282.2\text{kV·A}$$

$$I_{30(1)} = \frac{S_{30}}{\sqrt{3}U_{2N}} = \frac{282.2}{\sqrt{3}} \times 0.38 = 428.8\text{A}$$

其余车间计算过程相同（此处从略）。

考虑到全厂负荷的同时系数（$K_\Sigma=0.8$）后，工厂变电所变压器低压侧的计算负荷为

$$P_{30(2)} = K_{\Sigma} \sum P_{30 \cdot i} = 0.8 \times 1733.8 = 1387 \text{kW}$$

$$Q_{30(2)} = K_{\Sigma} \sum Q_{30 \cdot i} = 0.8 \times 1227.5 = 982 \text{kvar}$$

$$S_{30(2)} = \sqrt{P_{30(2)}^2 + Q_{30(2)}^2} = \sqrt{1387^2 + 982^2} = 1699.4 \text{kV} \cdot \text{A}$$

$$\cos\varphi_{(2)} = \frac{P_{30(2)}}{S_{30(2)}} = \frac{1387}{1699.4} = 0.82$$

欲将功率因数 $\cos\varphi_{(2)}$ 从 0.82 提高到 0.93，低压侧所需的补偿容量为

$$Q_c = P_{30(2)}(\tan\varphi - \tan\varphi') = P_{30(2)}(\tan\cos^{-1}0.82 - \tan\cos^{-1}0.93)$$

$$= 1387 \times (0.698 - 0.395) = 420 \text{kvar}$$

补偿后的计算负荷为 $P'_{30(2)} = 1387 \text{kW}$，与补偿前相同。

$$Q'_{30(2)} = Q_{30(2)} - Q_c = 982 - 420 = 562 \text{kvar}$$

$$S'_{30(2)} = \sqrt{P_{30(2)}'^2 + Q_{30(2)}'^2} = \sqrt{1387^2 + 562^2} = 1496.5 \text{kV} \cdot \text{A}$$

变压器的损耗

$$\Delta P_T \approx 0.015 S'_{30(2)} = 0.015 \times 1496.5 = 22.5 \text{kW}$$

$$\Delta Q_T \approx 0.06 S'_{30(2)} = 0.06 \times 1496.5 = 89.8 \text{kvar}$$

全厂高压侧的计算负荷

$$S'_{30(1)} = \sqrt{(P'_{30(2)} + \Delta P_T)^2 + (Q'_{30(2)} + \Delta Q_T)^2}$$

$$= \sqrt{(1387 + 22.5)^2 + (562 + 89.8)^2} = 1552.9 \text{kV} \cdot \text{A}$$

$$I'_{30(1)} = \frac{S'_{30(1)}}{\sqrt{3}U_{1N}} = \frac{1552.9}{\sqrt{3}} \times 10 = 89.6 \text{A}$$

工厂功率因数

$$\cos\varphi'_{(1)} = \frac{P'_{30(1)}}{S'_{30(1)}} = \frac{1387 + 22.5}{1552.9} = 0.908$$

任务 2.2 尖峰电流计算

【知识目标】 掌握尖峰电流及其计算

【能力目标】 能够分析尖峰电流，为选择电气设备打
好基础

【学习重点】 尖峰电流及其计算

在供电系统运行中，由于电动机的启动、电压波动等诸方面的因素会出现持续时间很短的最大负荷电流，这种电流称为尖峰电流，其持续时间一般为 1～2s。尖峰电流是选择校验电气设备、整定继电保护装置以及计算电压波动时的重要依据。

2.2.1 单台设备尖峰电流的计算

对于只接单台用电设备的支线，其尖峰电流就是其启动电流，即

$$I_{pk} = I_{st} = K_{st}I_N \tag{2-12}$$

式中　I_N——用电设备额定电流；

$\qquad I_{st}$——用电设备启动电流；

$\qquad K_{st}$——用电设备启动电流倍数，可查产品样本或设备铭牌。

2.2.2 多台设备尖峰电流的计算

对接有多台电动机的配电线路，其尖峰电流可按下式确定

$$I_{pk} = I_{30} + (I_{st} - I_N)_{max} \tag{2-13}$$

式中　$(I_{st} - I_N)_{max}$——用电设备中 $I_{st} - I_N$ 最大的那台设备的电流差值；

$\qquad I_{30}$——全部设备投入时，线路上的计算电流，即 $I_{30} = K_\Sigma \sum I_N$；

$\qquad K_\Sigma$——多台设备的同时系数，按台数的多少可取 0.7～1。

【例 2-8】　有一条 380V 的线路，供电给 4 台电动机，负荷资料如表 2-2 所示，试计算该 380V 线路上的尖峰电流。

表 2-2　电动机负荷资料

参数	电动机			
	1M	2M	3M	4M
额定电流/A	5.8	5	35.8	27.6
启动电流/A	40.6	35	197	193.2

解：取 $K_\Sigma = 0.9$，则 $I_{30} = K_\Sigma \sum I_N = 0.9 \times (5.8 + 5 + 35.8 + 27.6) = 66.78A$
由表得知，4M 的 $(I_{st} - I_N) = 193.2 - 27.6 = 165.6A$ 为最大，所以

$$I_{pk} = I_{30} + (I_{st} - I_N)_{max} = 66.78 + (193.2 - 27.6) = 232.4A$$

任务 2.3　短路电流计算

【知识目标】　掌握三相短路电流计算及应用

【能力目标】　能够分析中小型工厂发生各种短路的原因

【学习重点】　三相短路电流计算及动热稳定度校验

2.3.1 短路问题概述

2.3.1.1 短路的原因

工厂供电系统向用电负荷提供电能，保证电能用户生产和生活正常进行的同时，也可能由于各种原因，出现一些故障，从而破坏供电系统的正常运行。这些故障通常是由于短路引起的。短路是指不同电位的带电导体之间的非正常连接。

造成供电系统短路的主要原因如下。

① 电气设备绝缘损坏（绝缘自然老化、击穿、受到外力损伤等）。

② 未遵守安全操作规程而发生误操作。

③ 电力线路发生断线和倒杆事故可能导致短路。

④ 鸟兽害也是导致短路的一个原因。

2.3.1.2 短路的危害

发生短路时，由于部分负荷阻抗被短接掉，供电系统总阻抗减小，因而短路电流比正常工作电流大得多。如此大的短路电流会对供电系统产生极大的危害。

① 短路电流产生很大的机械力和很高的温度，损坏线路和电气设备绝缘，甚至烧毁线路导体和电气设备。

② 短路电流通过线路，产生很大的电压降，使供电线路电压骤降，影响用电设备正常运行。

③ 短路可能造成停电事故，给国民经济造成极大的损失。

④ 严重的短路故障可能影响供电系统运行的稳定性。

⑤ 单相接地短路，将产生较强不平衡磁场，对附近的通讯线路、电子设备等产生干扰甚至发生误动作。

2.3.1.3 短路的类型

(1) 三相短路 $k^{(3)}$

为对称短路，是危害最严重的短路，如图 2-3(a) 所示。

(2) 两相短路 $k^{(2)}$

为不对称短路，如图 2-3(b) 所示。

(3) 两相接地短路 $k^{(1.1)}$

也为不对称短路，是指两个不同相均发生单相接地而形成的两相短路，亦指两相短路后又接地，如图 2-3(c) 和 (d) 所示。

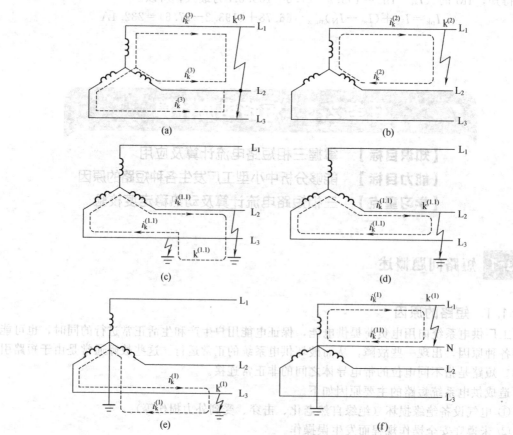

图 2-3 短路的类型

（4）单相短路 k[(1)]

也为不对称短路，其发生的概率最大，如图 2-3(e) 和（f）所示。

2.3.2　短路电流的计算

2.3.2.1　三相短路过程的分析

（1）无限大容量系统

无限大容量系统是指该系统的容量对于单个用户（工厂）总的设备容量来说大得多。在工程中，可将电力系统视为无限大容量系统。

（2）三相短路过程分析

当短路突然发生时，短路电流骤增，供电系统原来的稳定工作状态遭到破坏，需要经过一个暂态过程，才能进入短路稳定状态。

图 2-4(a) 所示是一个电源假设为无限大容量的供电系统发生三相短路的电路图。由于三相对称，因此这个三相短路的电路可用图 2-4(b) 的等效单相电路图来分析。

① 系统正常运行时，电路中电流取决于电源电压和电路总阻抗。

② 当发生三相短路时，由于负荷阻抗和部分线路阻抗被短路，所以电路中的电流要突然增大上百

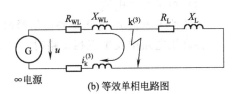

(a) 三相电路图

(b) 等效单相电路图

图 2-4　无限大容量系统发生
三相短路时的电路图

倍，而电源电压始终不变。但是，由于电路中存在着电感，根据楞次定律，电流又不能突变，因而将引起一个过渡过程，即短路暂态过程，最后达到一个新的稳定状态。

图 2-5 表示了无限大容量电源系统发生三相短路前后电流、电压的变化曲线。

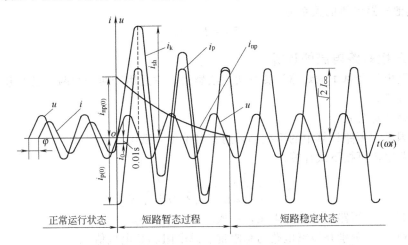

图 2-5　无限大容量系统发生三相短路时的电流与电压曲线

2.3.2.2　三相短路电流的有关参数

（1）短路电流周期分量 i_p

短路电流周期分量 i_p 是遵循欧姆定律由短路电压和阻抗所决定的短路电流，即

$$i_p = I''_m = \sqrt{2} I''$$

（2-14）

式中 I''——i_p 的有效值，又称为短路次暂态电流的有效值；

$\quad\quad I''_m$——i_p 的幅值。

由于无限大容量系统电压不变，故 i_p 的幅值和有效值在短路全过程中维持不变（等幅），如图 2-5。

（2）短路电流非周期分量 i_{np}

短路电流非周期分量 i_{np} 是遵循楞次定律由自感电势所决定的短路电流，如图 2-5，即

$$i_{np} \approx \sqrt{2} I'' e^{-t/\tau} \tag{2-15}$$

式中 τ——非周期分量衰减时间常数。

（3）短路全电流 i_k

任一瞬间的短路全电流 i_k 为 i_p 和 i_{np} 之和，如图 2-5，即

$$i_k = i_p + i_{np} \tag{2-16}$$

在无限大容量电源系统中，习惯上将周期分量 i_p 的有效值 I'' 写作 I_k，即 $I_k = I''$，并称 I_k 为短路电流。

（4）短路冲击电流 i_{sh}

短路冲击电流 i_{sh} 是指短路电流瞬时最大值，其有效值为 I_{sh}，如图 2-5。

在高压电路中发生三相短路时

$$i_{sh} = 2.55 \, I'' \tag{2-17}$$

$$I_{sh} = 1.51 \, I'' \tag{2-18}$$

在低压电路中发生三相短路时

$$i_{sh} = 1.84 I'' \tag{2-19}$$

$$I_{sh} = 1.09 I'' \tag{2-20}$$

（5）短路稳态电流 I_∞

短路电流非周期分量衰减完毕的短路电流称为短路稳态电流 I_∞，即短路过程中，当短路电流达到稳定状态，这时的短路电流的有效值称为短路稳态电流 I_∞，如图 2-5。

I_∞ 与其他短路电流的关系为

$$I_\infty = I'' = I_k \tag{2-21}$$

2.3.2.3 三相短路电流的计算

三相短路电流最基本的短路计算方法是欧姆法，它适用于两个及两个以下电压等级供电系统的短路计算。

（1）短路计算公式

欧姆法因其在短路计算中的阻抗都采用有名单位"欧姆"而得名。

三相短路电流可按下式计算。

$$I_k^{(3)} = \frac{U_c}{\sqrt{3} \, |Z_\Sigma|} = \frac{U_c}{\sqrt{3} \, \sqrt{R_\Sigma^2 + X_\Sigma^2}} \tag{2-22}$$

式中 $\quad U_c$——短路点的计算电压，一般取 $U_c = 5\% U_N$；

Z_Σ，R_Σ，X_Σ——分别是短路电路的总阻抗、总电阻和总电抗值。

在高压电路的短路计算中，通常 $X_\Sigma \gg R_\Sigma$，所以一般只计 X_Σ，不计 R_Σ。

在低压电路的短路计算中，也只有当 $R_\Sigma > X_\Sigma / 3$ 时，才考虑 R_Σ。

若不计 R_Σ，三相短路电流为

$$I_k^{(3)} = \frac{U_c}{\sqrt{3} X_\Sigma} \tag{2-23}$$

三相短路容量为

$$S_k^{(3)} = \sqrt{3} U_c I_k^{(3)} \qquad (2\text{-}24)$$

(2) 供电系统元件阻抗的计算

① 供电系统电抗 供电系统电抗 X_s，可由系统变电所高压出口断路器的断流容量 S_{oc} 来估算。

$$X_s = \frac{U_c^2}{S_{oc}} \qquad (2\text{-}25)$$

式中 S_{oc}——系统变电所出口断路器的断流容量，可查本书附表 17～19。

② 电力变压器的阻抗

a. 变压器电阻 R_T 可由变压器的短路损耗 ΔP_k 近似地求出。

$$R_T \approx \Delta P_k \left(\frac{U_c}{S_N} \right)^2 \qquad (2\text{-}26)$$

式中 S_N——变压器额定容量；

ΔP_k——变压器短路损耗，可查本书附表 3～6。

b. 变压器电抗 X_T 可由变压器的短路电压 $U_k\%$ 近似地求出

$$X_T \approx \frac{U_k\%}{100} \times \frac{U_c^2}{S_N} \qquad (2\text{-}27)$$

式中 $U_k\%$——变压器短路电压，可查本书附表 3～附表 6。

③ 供电线路的电抗

$$X_{WL} = X_0 l \qquad (2\text{-}28)$$

式中 X_0——线路单位长度的电抗，可查本书附表 9～11。

如果供电线路数据不详，X_0 取值如下：35kV 以下高压线路，架空线 $0.38\Omega/\text{km}$，电缆 $0.08\Omega/\text{km}$；低压线路，架空线 $0.32\Omega/\text{km}$，电缆 $0.066\Omega/\text{km}$。

④ 电抗器的电抗 供电系统中，为了限制短路电流而装设电抗器，由于电抗器的电阻很小，故只需计算其电抗值

$$X_R = \frac{X_R\%}{100} \times \frac{U_N}{\sqrt{3} I_N} \qquad (2\text{-}29)$$

式中 $X_R\%$ ——电抗器电抗百分值；

U_N——电抗器额定电压；

I_N——电抗器额定电流。

注意：在计算短路电路阻抗时，若电路中含有变压器，则各元件阻抗都应统一换算到短路点的短路计算电压去，阻抗换算的公式为

$$R' = R \, (U_c'/U_c)^2$$
$$X' = X \, (U_c'/U_c)^2 \qquad (2\text{-}30)$$

式中 R，X 和 U_c——换算前元件电阻、电抗及元件所在处的短路计算电压；

R'，X' 和 U_c'——换算后元件电阻、电抗及元件所在处的短路计算电压。

短路计算中所考虑的几个元件的电抗，只有供电线路和电抗器的电抗需要换算。而供电系统和电力变压器的电抗，由于它们的计算公式中均含有 U_c^2，因此计算电抗时，公式中 U_c 直接代以短路点的计算电压，就相当于电抗已经换算到短路点一侧了。

（3）欧姆法短路计算步骤

① 绘出短路计算图，并标出各元件序号和参数，然后确定短路计算点：高压侧选在高压母线处，低压侧选在低压母线处；系统中装有电抗器时，应选在电抗器之后。

② 绘出等效电路图，并用分式标明各元件序号（分子）和阻抗（分母）。

③ 计算各元件的电抗，并将计算结果标于元件序号下面分母位置。

④ 将等效电路化简，求出系统总阻抗。

⑤ 按式(2-23)计算$I_k^{(3)}$，然后按式(2-14)～式(2-21)分别求出其他短路参数，最后按式(2-24)求出短路容量$S_k^{(3)}$。

【例 2-9】 某供电系统如图 2-6 所示。已知电力系统出口断路器的断流容量为 500MV·A。试计算工厂变电所 10kV 母线上 k-1 点短路和变压器低压母线上 k-2 点短路的三相短路电流和短路容量。

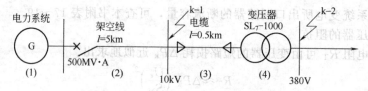

图 2-6 例 2-9 的短路计算电路图

解： ① 求 k-1 点的三相短路电流和短路容量（$U_{c1} = 10.5$kV）。

• 计算短路电路中各元件的电抗及总电抗。

电力系统电抗

$$X_1 = U_{c1}^2 / S_{oc} = 10.5^2 / 500 = 0.22\Omega$$

架空线路电抗

$$X_2 = X_0 l = 0.38 \times 5 = 1.9\Omega$$

绘 k-1 点的等效电路图，如图 2-7 所示，并计算其总电抗。

$$X_{\Sigma 1} = X_1 + X_2 = 0.22 + 1.9 = 2.12\Omega$$

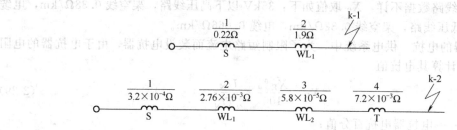

图 2-7 短路等效电路图

• 计算 k-1 点的三相短路电流和短路容量。

三相短路电流有效值

$$I_{k-1}^{(3)} = U_{c1} / (\sqrt{3} X_{\Sigma 1}) = 10.5 / (\sqrt{3} \times 2.12) = 2.86\text{kA}$$

三相次暂态短路电流和短路稳态电流

$$I''^{(3)} = I_\infty^{(3)} = I_{k-1}^{(3)} = 2.86\text{kA}$$

三相短路冲击电流

$$i_{sh}^{(3)} = 2.55 I''^{(3)} = 2.55 \times 2.86 = 7.29\text{kA}$$

三相短路容量

$$S_{k-1}^{(3)} = \sqrt{3} U_{c1} I_{k-1}^{(3)} = \sqrt{3} \times 10.5 \times 2.86 = 52.0\text{MV·A}$$

② 求 k-2 点的短路电流和短路容量（$U_{c2} = 0.4$kV）

• 计算短路电路中各元件的电抗及总电抗。

电力系统电抗

$$X_1' = U_{c2}^2 / S_{oc} = 0.4^2 / 500 = 3.2 \times 10^{-4}\Omega$$

架空线路电抗

$$X_2' = X_0 l \left(\frac{U_{c2}}{U_{c1}}\right)^2 = 0.38 \times 5 \times (0.4/10.5)^2 = 2.76 \times 10^{-3} \Omega$$

电缆线路电抗

$$X_3' = X_0 l \left(\frac{U_{c2}}{U_{c1}}\right)^2 = 0.08 \times 0.5 \times (0.4/10.5)^2 = 5.8 \times 10^{-5} \Omega$$

电力变压器电抗

$$X_4 \approx \frac{U_k\%}{100} \times \frac{U_{c2}^2}{S_N} = \frac{4.5}{100} \times \frac{0.4^2}{1000} = 7.2 \times 10^{-3} \Omega$$

绘 k-2 点的等效电路图如图 2-7 所示，并计算其总电抗。

$$\begin{aligned} X_{\Sigma 2} &= X_1' + X_2' + X_3' + X_4 \\ &= 3.2 \times 10^{-4} + 2.76 \times 10^{-3} + 5.8 \times 10^{-5} + 7.2 \times 10^{-3} = 0.01034\Omega \end{aligned}$$

● 计算 k-2 点的三相短路电流和短路容量。

三相短路电流

$$I_{k\text{-}2}^{(3)} = U_{c2}/(\sqrt{3} X_{\Sigma 2}) = 0.4/(\sqrt{3} \times 0.01034) = 22.3 \text{kA}$$

三相次暂态短路电流及短路稳态电流

$$I''^{(3)} = I_\infty^{(3)} = I_{k\text{-}2}^{(3)} = 22.3 \text{kA}$$

三相短路冲击电流

$$i_{sh}^{(3)} = 1.84 I''^{(3)} = 1.84 \times 22.3 = 41.0 \text{kA}$$

三相短路容量

$$S_{k\text{-}2}^{(3)} = \sqrt{3} U_{c2} I_{k\text{-}2}^{(3)} = \sqrt{3} \times 0.4 \times 22.3 = 15.5 \text{MV} \cdot \text{A}$$

将上述短路计算结果列成短路计算表，如表 2-3 所示。

表 2-3　短路计算表

短路计算点	短路电流/kA					短路容量/MV·A
	$I_k^{(3)}$	$I''^{(3)}$	$I_\infty^{(3)}$	$i_{sh}^{(3)}$	$I_{sh}^{(3)}$	
k-1	2.86	2.86	2.86	7.29	4.32	52.0
k-2	22.3	22.3	22.3	41.0	33.7	15.5

2.3.3 两相短路电流的计算

在无限大容量供电系统发生两相短路时，短路电流可由下式计算

$$I_k^{(2)} = \frac{U_c}{2|Z_\Sigma|} \tag{2-31}$$

如果只计电抗，则两相短路电流为

$$I_k^{(2)} = \frac{U_c}{2X_\Sigma} = \frac{\sqrt{3}}{2} \times \frac{U_c}{\sqrt{3} X_\Sigma} \tag{2-32}$$

将上式与式(2-23)对照，则两相短路电流又可作如下计算。

$$I_k^{(2)} = \frac{\sqrt{3}}{2} I_k^{(3)} = 0.866 I_k^{(3)} \tag{2-33}$$

因此，两相短路电流，可由三相短路电流求出。其他两相短路电流均可按前面三相短路的对应短路电流公式计算。

2.3.4 短路电流的效应

通过短路计算可知，供电系统发生短路时，短路电流是相当大的。如此大的短路电流通过电气设备和导体，一方面要产生很高的温度，即热效应；另一方面要产生很大的电动力，即电动效应。这两类短路效应，对电气设备和导体的安全运行威胁很大，必须充分注意。

2.3.4.1 短路电流的热效应

（1）导体的发热过程

当供电系统发生短路时，极大的短路电流通过导体。由于短路后继电保护装置快速动作，将短路故障点切除，所以短路电流通过导体的时间很短（一般不会超过 2～3s），其短路电流发出的热量来不及向周围介质散发，因此，可以认为全部热量都用来升高导体的温度了。

正常情况导体通过电流产生电能损耗 $\begin{cases} 使导体温度升高 \\ 向周围介质散热 \end{cases}$ $\begin{cases} 产生的热量＝散失的热量 \\ 导体就维持在一定的温度值 \end{cases}$

供电线路发生短路时 $\begin{cases} 大电流将使导体温度迅速升高 \\ 时间短，热量来不及向周围散发 \end{cases}$ $\begin{cases} 全部热量都用来 \\ 升高导体的温度 \end{cases}$

当导体发热温度＜允许温度，则其短路热稳定度满足要求。

（2）导体的发热计算

一般采用短路稳态电流 I_∞ 来等效计算导体短路时发热所产生的热量。由于通过导体的实际短路电流并不是短路稳态电流，因此需要假定一个时间，在此时间内，假定导体通过短路稳态电流时所产生的热量，恰好与实际短路电流在实际短路时间内所产生的热量相等。这一假想时间称为短路发热的假想时间 t_{ima}。

$$t_{ima} = t_k + 0.05 = t_{oc} + t_{op} + 0.05 \text{ (s)} \tag{3-34}$$

式中　t_k——短路时间，s；

　　　t_{oc}——保护装置动作时间，s；

　　　t_{op}——断路器的断路时间，s。

对于普通油断路器，取 $t_{oc} = 0.2s$；对于高速断路器，取 $t_{oc} = 0.1s$。

根据导体通电发热原理，实际短路电流通过导体在短路时间内产生的热量等效为

$$Q_k = I_\infty^2 R t_{ima} \tag{2-35}$$

（3）短路热稳定度校验

① 对于一般电器

$$I_t^2 t \geqslant I_\infty^{(3)2} t_{ima} \tag{2-36}$$

式中　I_t——电器的热稳定试验电流（有效值），可从产品样本中查得；

　　　t——电器的热稳定试验时间，可从产品样本中查得。

② 对于母线及绝缘导线和电缆等导体

$$S \geqslant S_{min} = \frac{I_\infty^{(3)}}{C} \sqrt{t_{ima}} \tag{2-37}$$

式中　C——导体的短路热稳定系数，可查附表 16；

　　　S_{min}——导体的最小热稳定截面积，mm^2。

【例 2-10】 已知某车间变电所 380V 侧采用（80×10）mm^2 铝母线，其三相短路稳态电流为 36.5kA，短路保护动作时间为 0.5s，低压断路器的断路时间为 0.05s，试校验此母线的热稳定度。

解： 查附表 16，$C = 87$（$A \cdot \sqrt{s}/mm^2$）

因为

$$t_{\text{ima}} = t_{\text{k}} + 0.05 = t_{\text{oc}} + t_{\text{op}} + 0.05 = 0.05 + 0.5 + 0.05 = 0.6\text{s}$$

所以有

$$S_{\min} = \frac{I_{\infty}^{(3)}}{C} \sqrt{t_{\text{ima}}} = \frac{36500}{87} \times \sqrt{0.6} = 325\text{mm}^2$$

由于母线的实际截面为 $S = 80 \times 10\text{mm}^2 = 800\text{mm}^2$，大于 $S_{\min} = 325\text{mm}^2$，因此该母线满足短路热稳定的要求。

2.3.4.2　短路电流的电动效应

供电系统短路时，短路电流特别是短路冲击电流将使相邻导体之间产生很大的电动力，有可能使电气设备和载流导体遭受严重破坏。为此，要使电路元件能承受短路时最大电动力的作用，电路元件必须具有足够的电动稳定度。

（1）短路时最大电动力

在短路电流中，三相短路冲击电流 $i_{\text{sh}}^{(3)}$ 为最大。可以证明三相短路时，$i_{\text{sh}}^{(3)}$。在导体中间相产生的电动力最大，其电动力 $F^{(3)}$ 可用下式表示。

$$F = \sqrt{3} i_{\text{sh}}^{(3)2} \frac{L}{a} \times 10^{-7} \quad (\text{N/A}^2) \tag{2-38}$$

式中　L——导体两支点间的距离，即挡距，m；

$\quad\quad a$——两导体间的轴线距离，m。

校验电气设备和载流导体的动稳定度时，通常采用 $i_{\text{sh}}^{(3)}$ 和 $F^{(3)}$。

（2）短路动稳定度的校验

电气设备和导体的动稳定度的校验，需根据校验对象的不同而采用不同的校验条件。

① 对于一般电器

$$i_{\max} \geq i_{\text{sh}}^{(3)} \tag{2-39}$$

或

$$I_{\max} \geq I_{\text{sh}}^{(3)} \tag{2-40}$$

式中　$i_{\max}$，$I_{\max}$——电器极限通过电流的峰值和有效值，可由有关手册查得。

② 对于绝缘子

$$F_{\text{al}} \geq F_{\text{c}}^{(3)} \tag{2-41}$$

式中　F_{al}——绝缘子的最大允许载荷，可由有关手册或产品样本查得；

$\quad\quad F_{\text{c}}^{(3)}$——为短路时作用于绝缘子上的计算力。

如图 2-8 所示，母线在绝缘子上平放，则 $F_{\text{c}}^{(3)} = F^{(3)}$；母线竖放，则 $F_{\text{c}}^{(3)} = 1.4F^{(3)}$。

③ 对母线等硬导体

$$\sigma_{\text{al}} \geq \sigma_{\text{c}} \tag{2-42}$$

式中　σ_{al}——母线材料的最大允许应力，单位 Pa（N/m²），硬铜母线为 140MPa，硬铝母线为 70MPa；

$\quad\quad \sigma_{\text{c}}$——母线通过时 $i_{\text{sh}}^{(3)}$ 所受到的最大计算应力，即 $\sigma_{\text{c}} = M/W$；

$\quad\quad M$——母线通过三相短路冲击电流时所受到的弯曲力矩，单位 N·m，档数≤2 时，$M = F^{(3)}L/8$；档数>2 时，$M = F^{(3)}L/10$，L 为导线档距，m；

$\quad\quad W$——为母线截面系数（m³），由下式计算：$W = b^2h/6$。

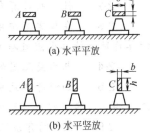

图 2-8　母线的放置方式

对于电缆，因其机械强度较高，可不必校验其短路动稳定度。

（1）电力负荷计算

通常将电气设备中消耗的功率或线路中的电流称为电力负荷。电力负荷可分为一级负荷、二级负荷、三级负荷。

工厂用电设备可分为长期工作制、短时工作制和断续周期工作制等三种类型。

从满足用电设备发热的条件的角度，用以统计计算的负荷功率或负荷电流称为计算负荷。合理确定计算负荷，有着重大经济意义。

确定计算负荷的方法通常采用需要系数法。需要系数法计算较简单，应用较广泛，适合于容量相差不大，设备台数较多的场合。

工厂总的计算负荷要从用电设备组、低压干线、母线依次算起，同时考虑变压器、供电线路的功率损耗，最后求出总的计算负荷。

功率因数是工厂供电的重要指标。工厂的自然功率因数一般达不到规定的数值，通常需要装设无功补偿装置进行功率因数补偿。

（2）尖峰电流计算

尖峰电流是短时的最大负荷电流，它是选择、校验电气设备以及整定继电保护的重要依据。

（3）短路电流计算

在供电系统中，造成短路的原因有多种。其主要原因是电气设备载流部分的绝缘损坏。

在三相供电系统中，短路的主要类型有三相短路、两相短路、两相接地短路和单相短路。其中三相短路电流最大，造成的危害也最严重；而单相短路发生的概率最大。

在工厂供电系统中，需计算的短路参数有 I_k、I''、I_∞、i_{sh}、I_{sh} 和 S_k。

当供电系统发生短路时，巨大的短路电流将产生强烈的热效应和电动效应，很有可能使电气设备遭受严重破坏。因此，必须对相关的电气设备和载流导体进行动稳定和热稳定的校验。

习题2

2-1 电力负荷按其重要性分哪几级？各级负荷对供电电源有什么要求？

2-2 什么叫计算负荷？正确确定计算负荷有什么意义？

2-3 在确定多组用电设备总的视在计算负荷和计算电流时，可不可以将各组的视在计算负荷和计算电流直接相加？为什么？

2-4 电力变压器的有功功率损耗包括哪两部分？各如何计算？

2-5 如何计算无功补偿率 Δq_c？计算出补偿容量 Q_c 后，如何选取电容器，如果选择单相电容器，则电容器的个数应取多少？

2-6 某车间有380V交流电焊机2台，其额定容量 $S_N = 22kV \cdot A$，$\varepsilon_N = 60\%$，$\cos\varphi = 0.5$，问其设备容量为多少？

2-7 某车间有吊车1台，设备铭牌上给出其额定功率 $P_N = 9kW$，$\varepsilon_N = 15\%$，问其设备容量为多少？

2-8　某车间设有小批量生产的冷加工机床电动机 40 台，总容量 122kW，其中较大容量的电动机有 10kW 1 台、7kW 3 台、4.5kW 3 台、2.8kW 12 台。试用系数法确定其计算负荷？

2-9　某金工车间采用 220/380V 三相四线制供电，车间内设有冷加工机床 48 台，共 192kW；吊车 2 台，共 10kW（$\varepsilon_N = 25\%$）；通风机 2 台，共 9kW；车间照明共 8.2kW。试求该车间的计算负荷？

2-10　某厂变电所装有一台 SL7-630/6 型电力变压器，其二次侧（380V）的有功计算负荷为 420kW，无功计算负荷为 350kvar。试求此变电所一次侧的计算负荷及其最大负荷时功率因数？

2-11　某车间有一条 380V 线路供电给如表 2-4 所示的 5 台交流电动机。试计算该线路的尖峰电流（$K_\Sigma = 0.9$）。

表 2-4　习题 2-11 表

电动机参数	M1	M2	M3	M4	M5
额定电流 I_N/A	10.2	32.4	30	6.1	20
启动电流 I_{st}/A	66.3	227	165	34	140

2-12　短路的原因和类型各有哪些？哪种短路对系统危害最严重？哪种发生的可能性最大？

2-13　什么是短路电流的热效应和电动效应？

2-14　某区域变电所通过一条长为 5km 的 10kV 架空线路，给某厂变电所供电，该厂变电所装有两台并列运行的 SL7-1000 型变压器，区域变电所出口断路器的断流容量为 300MV·A。试用欧姆法求该厂变电所高压侧和低压侧的短路电流和短路容量。

2-15　某 10kV 铝心聚氯乙烯电缆通过的三相稳态短路电流为 8.5kA，通过短路电流的时间为 2s，试按短路热稳定条件确定该电缆所要求的最小截面。

项目3 变电所供电设备的选择

任务3.1 高低压电气设备

【知识目标】 掌握典型高低压电气设备的功能与应用
【能力目标】 认识工厂供电系统常用的高低压电气设备
【学习重点】 工厂供电系统常用的高低压电气设备

　　工厂供电系统中常用的高、低压设备是指断路器、负荷开关、隔离开关、电力变压器、仪用互感器、刀开关、熔断器以及由以上开关电器及附属装置所组成的成套配电装置（高压开关柜和低压配电屏）等。

3.1.1 高低压熔断器（FU）

　　熔断器主要由金属熔体（铜、铅、铅锡合金、锌等材料制成）、熔管及支撑熔体的电气触头构成。

　　熔断器的功能主要是进行短路保护，但有的熔断器也具有过负荷保护的功能。

　　按限流作用分，熔断器可分为"限流式"和"非限流式"两种。在短路电流未达到冲击值之前就完全熄灭电弧的属"限流式"熔断器；在熔体熔化后，电弧电流继续存在，直到电流第一次过零或经过几个周期后电弧才熄灭的属"非限流式"熔断器。

　　按电压分，有高压熔断器和低压熔断器两种。
　　按使用环境分，有户内型和户外型两种。

3.1.1.1 高压熔断器

　　在工厂 6～10kV 系统中，户内广泛采用 RN1、RN2 型管式熔断器，户外则广泛采用 RW4、RW10 (F) 型跌落式熔断器。

　　（1）户内用 RN1 和 RN2 型

　　RN1、RN2 型熔断器的结构基本相同，都是瓷质熔管内填充石英砂的密闭管式熔断器，属于"限流式"熔断器，灭弧能力很强。其外形如图 3-1 所示，内部

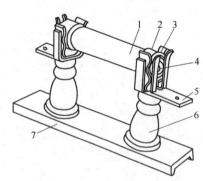

图 3-1 RN1、RN2 型高压
熔断器外形图

1—磁熔管；2—金属管帽；3—弹性触座；
4—熔断指示器；5—接线端子；
6—瓷绝缘子；7—底座

如图 3-2 所示。

　　RN1 型熔断器常用于供电线路及变压器的过载和短路保护，额定电流可达 100A。RN2

型熔断器则主要用于电压互感器一次侧的短路保护，其熔体额定电流一般为 0.5A。

（2）户外用 RW4 和 RW10 型

RW4 和 RW10 型跌落式熔断器广泛用于户外场所，可作为 6～10kV 供电线路和变压器的短路保护。RW4 型可直接通断空载变压器、空载线路等，而 RW10-10（F）型，可直接带负荷操作。RW4 型跌落式熔断器的外形如图 3-3 所示。

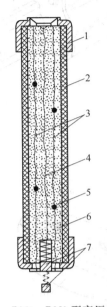

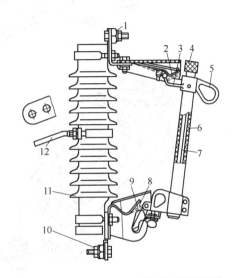

图 3-2　RN1、RN2 型高压熔断器
内部结构示意图

1—管帽；2—瓷管；3—工作熔体；4—指示熔体；
5—锡球；6—石英沙填料；7—熔断指示器

图 3-3　RW4-10（G）型跌落式熔断器

1—上接线端子；2—上静触头；3—上动触头；4—管帽；
5—操作环；6—熔管；7—铜熔体；8—下动触头；9—上静
触头；10—下接线端子；11—绝缘瓷瓶；12—固定安装板

跌落式熔断器依靠电弧燃烧，分解纤维质熔管产生的气体来熄灭电弧，其灭弧能力不强，灭弧速度不快，不能在短路电流达到冲击值之前熄灭电弧，属"非限流式"熔断器。

3.1.1.2　低压熔断器

低压熔断器主要实现低压配电系统的短路保护和过负荷保护。低压熔断器的类型很多，工厂常用的类型有以下几种。

（1）RTO 型

RTO 型熔断器主要由瓷熔管、栅状铜熔体、触头、底座等几部分组成，如图 3-4 所示。

RTO 型熔断器属"限流式"熔断器，其保护性能好、断流能力大，广泛应用于低压配电装置中；但其熔体不可拆卸，因此熔体熔断后整个熔断器报废，不够经济。

附表 24 列出了 RTO 型低压熔断器的主要技术数据和保护特性曲线供参考。

（2）RL1 型

RL1 型螺旋管式熔断器主要由瓷质螺帽、熔管和底座组成，如图 3-5 所示。由于熔断器的各个部分均可拆卸，更换熔管十分方便，这种熔断器广泛用于低压供电系统，特别是中小型电动机的过载与短路保护中。

（3）αM 系列

αM 系列熔断器是引进技术生产的具有限流作用的熔断器，主要由底座和熔管组成，如图 3-6 所示。圆形的熔管中装有铜熔体和石英砂填料，除了有限流作用外，还有熔断指示作用。

图线画出要用于低压熔断器一次侧的短熔体时，其熔体额定电流一般为 0.5A。

（2）产品用 RW10 型外

RW10 和 RW10 型是用于户内熔断器，是外。为多截的的产生和主电压的短电，可直接在

电流接体件，RW10 型。截的截的熔断器用图 3-5 所示。

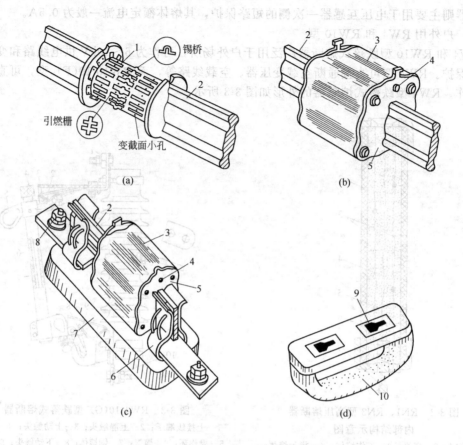

(a)

(b)

(c)

(d)

图 3-4　RTO 型低压熔断器结构图
(a) 熔体；(b) 熔管；(c) 熔断器；(d) 绝缘操作手柄

1—栅状铜熔体；2—触刀；3—瓷熔管；4—盖板；5—熔断指示器；6—弹性触座；
7—瓷质底座；8—接线端子；9—扣眼；10—绝缘拉手手柄

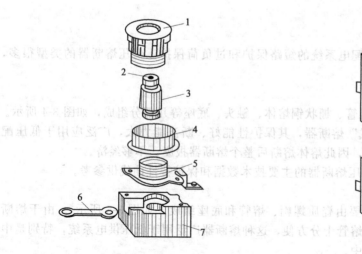

图 3-5　RL1 型螺旋管式熔断器

1—瓷帽；2—熔断指示器；3—熔体管；4—瓷套；
5—上接线端；6—下接线触头；7—底座

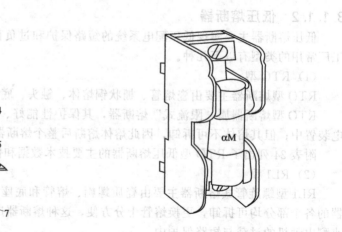

图 3-6　αM3 型熔断器

3.1.1.2　低压熔断器

低压熔断器主要用于低压配电系统和电气设备中作短路和过载保护。

（1）PR0 型熔断器

（2）RT 系列

RT0 型是有的熔断器，触头，触体，熔体铜熔体，如图 3-4 所示。
RT0 型是有极熔的熔管，瓷熔管器。其熔体用于用于低压配电
它熔断中，用有栅状结构的熔体；有几个短截面的熔造，如
图 3-4 所示，它也造熔状截的熔于的熔体水结构结构，产生多参考。

（2）RL1 型熔断器

RL1 型螺旋管式熔断器，由于和熔断器，将瓷帽的熔断在面上，熔
管内充入有石英砂，触头管上方为一体，这和熔断瓷熔等，如图 3-5 中的
小圆片所示结构。熔造习熔体熔体的触。

（3）αM3 型熔断器

αM 多种熔断器是也其技术不同类可以引解熔造的熔断触断的熔熔断
3.5 所示，图示的所示，产生有石英熔熔和明的熔熔造，

3.1.2 高低压开关电器

3.1.2.1 高压隔离开关（QS）

（1）用途

隔离开关主要用途是隔离高压电源，保证电气设备和供电线路在检修时与电源有明显的断开间隙。

（2）分类

隔离开关按安装地点，分户内式和户外式两大类。

（3）注意

隔离开关没有专门的灭弧装置，因此不允许带负荷操作，但可用来通断一定的小电流（如线路空载电流）。

图 3-7 所示是 GN8-10 型户内高压隔离开关的外形图。

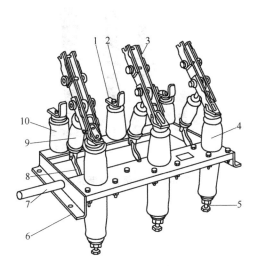

图 3-7 GN8-10 型高压隔离开关

1—上接线端子；2—静触头；3—刀闸；4—套管
绝缘子；5—下接线端子；6—框架；7—转轴；
8—拐臂；9—升降绝缘子；10—支柱绝缘子

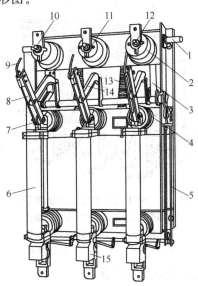

图 3-8 FN3-10RT 型高压负荷开关

1—主轴；2—上绝缘子兼气缸；3—连杆；
4—下绝缘子；5—框架；6—RN1 型高压
熔断器；7—下触座；8—闸刀；9—弧动触头；
10—绝缘喷嘴（内有弧静触头）；11—主静
触头；12—上触座；13—断路弹簧；
14—绝缘拉杆；15—热脱扣器

3.1.2.2 高压负荷开关（QL）

（1）用途

负荷开关主要用途与隔离开关相同，即隔离高压电源。不同的是负荷开关具有简单的灭弧装置，能通断一定的负荷电流，装有脱扣器时，在过负荷时可自动跳闸。

（2）注意

负荷开关虽然能通断一定的负荷电流，但它不能断开短路电流，必须与高压熔断器串联使用，借助熔断器来切除短路电流。

图 3-8 所示是户内压气式高压负荷开关的外形图，上半部是负荷开关本身，下半部是 RN1 型熔断器。

3.1.2.3 高压断路器（QF）

高压断路器，在正常情况下可通断负荷电流，还可在供电系统短路情况下与继电保护装置配合，自动、快速地切除短路故障，保证供电系统及电气设备的安全运行。

工厂常用的高压断路器有油断路器、六氟化硫（SF6）断路器和真空断路器。

（1）油断路器

油断路器按其内部油量多少又分为多油和少油两大类。

多油断路器内部的油起着绝缘与灭弧的双重作用，少油断路器内部的油只作为灭弧介质。

一般工厂供电系统中，6～35kV户内配电装置中均采用少油断路器。

SN10-10型少油断路器是我国统一设计、推广应用的一种少油断路器。图3-9所示是SN10-10型少油断路器的外形图。其主要技术数据如附表17。

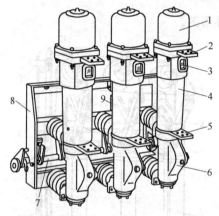

图 3-9　SN10-10型高压少油断路器

1—铝帽；2—上接线端子；3—油标；

4—绝缘筒；5—下线端子；6—基座；

7—主轴；8—框架；9—断路弹簧

图 3-10　六氟化硫断路器

（2）六氟化硫断路器

利用六氟化硫气体作为灭弧和绝缘介质的断路器称为六氟化硫断路器，如图3-10所示。

六氟化硫气体具有良好的绝缘性能和极强的灭弧能力，在均匀电场的作用下，其绝缘强度是空气的3倍，在一定大气压时其绝缘强度与变压器相同。

六氟化硫断路器具有以下特点。

① 灭弧能力强，易于制成断流能力大的断路器。

② 允许开断次数多、寿命长、检修周期长。

③ 散热性能好、通流能力大。

④ 开断小电感电流及电容电流时基本上不出现过电压。

六氟化硫断路器主要用于需频繁操作及易燃易爆危险的场所，特别是用作全封闭式组合电器。

（3）真空断路器

利用真空作为绝缘和灭弧介质的断路器叫真空断路器，如图3-11所示。其触头装在真空

图 3-11　ZN28-12型高压真空断路器

灭弧室内。由于真空中不存在气体游离的问题，所以这种断路器在触头断开时很难发生电弧。

真空断路器体积小、重量轻、动作快、寿命长、安全可靠、便于维护检修，但价格较贵，主要适用于频繁操作、安全要求较高的场所。

3.1.2.4　低压刀开关

（1）低压刀开关（QK）

① 分类　低压刀开关按其操作方式分，有单投和双投两种；按其极数分，有单极、双极和三极三种；按其灭弧结构分，有不带灭弧罩和带灭弧罩两种。

② 使用　不带灭弧罩的刀开关只能在无负荷下操作，仅作隔离开关用。带有灭弧罩的刀开关（图 3-12）能通断一定的负荷电流，但不能切除短路电流。

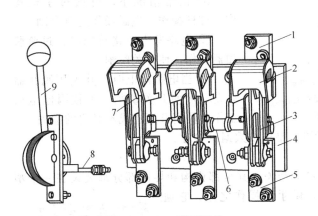

图 3-12　HD13 型刀开关

1—上接线端子；2—灭弧罩；3—闸刀；4—底座；5—下接线端子；6—主轴；7—静触头；8—连杆；9—操作手柄

图 3-13　HR20-0.5 型低压刀熔开关

（2）低压刀熔开关（FU-QK）

低压刀熔开关又称熔断器式刀开关，是低压刀开关与低压熔断器组合而成的开关电器。它具有刀开关和熔断器的双重功能，目前已广泛用于低压动力配电屏中，如图 3-13 所示。

（3）低压负荷开关（QL）

低压负荷开关由带灭弧装置的刀开关与熔断器串联组合而成，外罩封闭铁壳，又称铁壳开关，如图 3-14 所示。

低压负荷开关具有带灭弧罩的刀开关和熔断器的双重功能，既可带负荷操作，又能进行短路保护，熔体熔断后，更换熔体后即可恢复供电。

3.1.2.5　低压断路器（QF）

低压断路器又称低压空气开关，是一种自动开关电器，其功能与高压断路器类似。

图 3-14　低压铁壳开关

低压断路器具有以下保护功能。

① 当供电线路出现短路故障时，其过电流脱扣器动作，使开关跳闸。

② 当供电线路出现过负荷时，其串联在一次线路中的加热电阻丝进行加热，使双金属片弯曲，使开关跳闸。

③ 当线路电压严重下降或电压消失时，其失压脱扣器动作，使开关跳闸。

④ 按下脱扣按钮接通分励脱扣器，可实现开关远距离自动跳闸。

⑤ 按下失压脱扣按钮接通失压脱扣器，可实现开关远距离自动跳闸。

低压断路器按结构分，有万能式（DW 系列）和塑壳式（DZ 系列）两种。

（1）万能式低压断路器（图 3-15）

DW 系列万能式低压断路器，因其保护方案和操作方式较多，装设地点灵活，可敞开地装设在金属框架上，故又称其为"框架式"断路器。

① 正常情况下，可通过手柄操作、杠杆操作、电磁操作进行合闸。

② 电路发生短路故障时，过流脱扣器动作，使开关跳闸。

③ 当电路停电时，其失压脱扣器启动，可使开关跳闸，不致因停电后工作人员离开而造成不必要的损失。

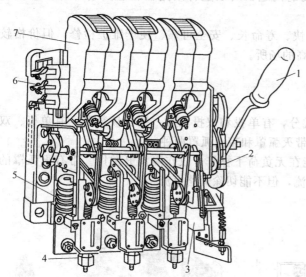

图 3-15　DW10 型万能式低压断路器

1—操作手柄；2—自由脱扣机构；3—失压脱扣器；
4—流脱扣器电流调节螺母；5—过电流脱扣器；
6—辅助触点（联锁触点）；7—灭弧罩

附表 22 列出了 DW16 型低压断路器的主要技术数据供参考。

（2）塑壳式低压断路器（图 3-16）

DZ 型塑壳式低压断路器又称装置式自动开关，其全部机构和导电部分都装设在一个塑料外壳内，仅在壳盖中央露出操作手柄，供手动操作之用，它通常装设在低压配电装置中。

塑壳式低压断路器的操作手柄有三个位置。

① 合闸位置　手柄扳向上边，跳钩被锁扣扣住，触头维持闭合状态。

② 自由脱扣位置　跳钩被释放（脱扣），手柄移至中间位置，触头断开。

③ 分闸位置　手柄扳向下边，从自由脱扣位置变为再扣位置，为下次合闸做好准备。断路器自动跳闸后，必须将手柄扳向"再扣"位置（即分闸位置），否则不能直接合闸。

图 3-16　塑壳式低压断路器

DZ 型低压断路器可装设以下脱扣器。

① 复式脱扣器，可同时实现过负荷保护和短路保护。

② 电磁脱扣器，只作短路保护。

③ 热脱扣器，只作过负荷保护。

④ 失压脱扣器，作低电压保护。

附表 23 列出了 DZ10 型塑壳式低压断路器的主要技术数据供参考。

3.1.3　互感器

电流互感器（TA）、电压互感器（TV）统称互感器。其结构和工作原理与变压器类似，是一种特殊的变压器。

互感器主要功能如下。

① 隔离高压电路。互感器一次和二次绕组只有磁的联系，可使测量仪表和保护电器与高压电路隔离，保证控制设备和工作人员的安全。

② 扩大仪表、继电器等设备的应用范围。例如一只 5A 量程的电流表，通过电流互感器可扩大电流量程；同样，一只 100V 量程的电压表，通过电压互感器就可扩大电压量程。

③ 使测量仪表小型化、标准化，并可简化结构，降低成本，有利于批量生产。

3.1.3.1　电流互感器（TA）

（1）工作原理（图 3-17）

电流互感器一次线圈匝数很少，导线很粗；而二次线圈则与仪表等的电流线圈串联，形成一个闭合回路，由于仪表的电流线圈阻抗很小，因此电流互感器工作时二次回路接近于短路状态。

电流互感器的额定变比为

$$K_{TA} = \frac{I_{1N}}{I_{2N}} \approx \frac{N_2}{N_1} \qquad (3\text{-}1)$$

式中　K_{TA}——电流互感器的变比；

　　　I_{1N}——一次线圈的额定电流；

　　　I_{2N}——二次线圈的额定电流，一般规定为 5A；

　　　N_1——一次线圈的匝数；

　　　N_2——二次线圈的匝数。

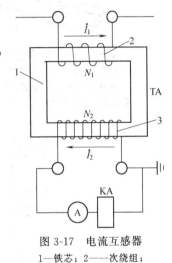

图 3-17　电流互感器
1—铁芯；2——次绕组；
3—二次绕组

（2）结构分类

电流互感器的种类很多，其分类如下。

① 按一次线圈匝数分，有单匝式和多匝式。

② 按一次电压分，有高压和低压两大类。

③ 按用途分，有测量用和保护用两大类。

④ 按准确度级分，有 0.1～5.0 等 6 个准确度等级。

⑤ 按绝缘和冷却方式分，有油浸式和干式两大类。

（3）典型电流互感器

① 高压电流互感器（图 3-18）　LQJ-10 型高压电流互感器具有两个铁芯和两个二次线圈，准确度级有 0.5 级和 3 级，分别接测量仪表和继电器，以满足测量和保护的不同要求。用于 10kV 的高压配电系统中。

② 低压电流互感器（图 3-19）　LMZJ1-0.5 型低压电流互感器，利用穿过其铁芯的一次电路作为一次线圈（相当于一匝），广泛用于 500V 及以下的低压配电系统中。

（4）电流互感器的接线

电流互感器在使用中，一般连接在一次高压电路和二次控制电路之间，其接线方式有多种。

① 一相式接线　如图 3-20（a）所示，电流线圈中通过的电流为一次电路对应相的电流，该接线适用于负荷平衡的三相电路，供测量电流或接过负荷保护装置之用。

② 两相式接线　如图 3-20（b）所示，电流互感器通常接在 L₁、L₃ 相，又称两相三继电器式接线，广泛用于中性点不接地的三相三线制电路中，测量三相电流、电能及作过电流继电保护之用。两相式接线的公共线上电流为 $\dot{I}_1' + \dot{I}_3' = \dot{I}_2'$，反应的是未接电流互感器的 L₂ 相的相电流。

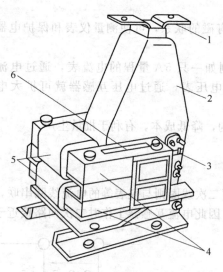

图 3-18 LQJ-10 型电流互感器
1——次接线端子；2——次绕组（树脂浇注）；
3—二次接线端子；4—铁芯；5—二次绕组；
6—警告牌（上写"二次侧不得开路"等字样）

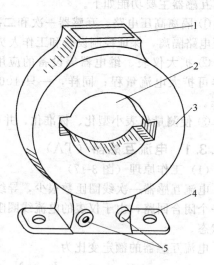

图 3-19 LMZJ1-0.5 型电流互感器
1—铭牌；2——次母线穿孔；3—铁芯，
外绕二次绕组，树脂浇注；4—安装板；
5—二次接线端子

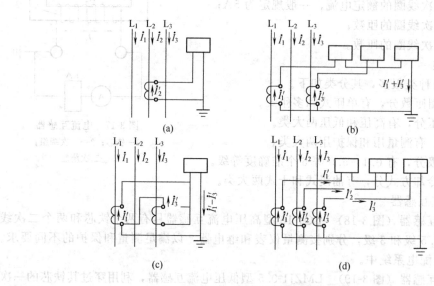

图 3-20 电流互感器的接线方案
(a) 一相式；(b) 两相 V 形；(c) 两相电流差；(d) 三相星形

③ 两相电流差接线 如图 3-20(c) 所示，电流互感器通常接在 L_1、L_3 相，且只用一台继电器，又称两相一继电器接线。二次侧公共线上电流为 $\dot{I}_1' - \dot{I}_3'$，其量值为相电流的 $\sqrt{3}$ 倍。适用于中性点不接地的三相三线制电路中，作过电流继电保护之用。

④ 三相星形接线 如图 3-20(d) 所示，三个电流线圈反应各自相的电流，广泛用于三相四线制以及负荷可能不平衡的三相三线制系统中，作三相电流、电能测量及过电流继电保护之用。

(5) 电流互感器使用注意事项

① 电流互感器在工作时其二次侧不得开路。

- 二次侧可感应出危险的高电压，危及人身和设备安全。
- 铁芯由于磁通剧增而过热，并产生剩磁，降低铁芯准确度。

② 电流互感器的二次侧有一端必须接地。

为了防止其一、二次线圈间绝缘击穿时，一次侧的高电压窜入二次侧，危及人身和设备安全，电流互感器的二次侧有一端必须接地。

③ 电流互感器在连接时，要注意其端子的极性。

在安装和使用电流互感器时，一定要注意端子的极性，否则其二次侧所接仪表、继电器中流过的电流就不是预想的电流，影响正确测量，甚至引起事故。

3.1.3.2 电压互感器（TV）

（1）工作原理（图 3-21）

电压互感器的一次线圈匝数很多，二次线圈匝数很少，其工作原理类似于降压变压器。工作时，一次线圈并联接在高压电路中，二次线圈与测量仪表和继电器的电压线圈并联，由于电压线圈的阻抗很大，所以电压互感器工作时二次线圈接近于空载状态。

电压互感器的额定变比为

$$K_{TV} = \frac{U_{1N}}{U_{2N}} \approx \frac{N_1}{N_2} \tag{3-2}$$

式中　K_{TV}——电压互感器变比；

　　　U_{1N}——一次线圈额定电压；

　　　U_{2N}——二次线圈的额定电压，一般规定为 100V；

　　　N_1——一次线圈的匝数；

　　　N_2——二次线圈的匝数。

（2）结构分类

电压互感器的种类很多，其分类如下。

按相数分，有单相、三相三心柱和三相五心柱式。

按线圈分，有双绕组式和三绕组式。

按绝缘与其冷却方式分，有干式、油浸式和充气式（六氟化硫气体）。

按安装地点分，有户内式和户外式。

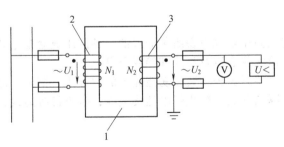

图 3-21　电压互感器
1—铁芯；2——一次绕组；3—二次绕组

图 3-22　JDZJ-10 型电压互感器

图 3-22 所示是应用广泛的 10kV 户内 JDZJ-10 型电压互感器外形图，供小电流接地系统中作电压、电能测量及绝缘监察之用。

（3）电压互感器的接线

电压互感器在使用中，一般并联在一次高压电路和二次控制电路之间，其接线方式有多种。

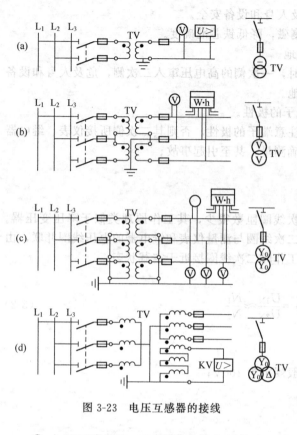

图 3-23　电压互感器的接线

① 一个单相电压互感器接线　如图 3-23（a）所示，供仪表、继电器接于一个线电压。

② 两个单相电压互感器接成 V/V 形　如图 3-23（b）所示，适用于工厂变配电所的 6～10kV 高压配电装置中，供仪表、继电器测量、监视三相三线制系统中的各个线电压。

③ 三个单相电压互感器接成 Y_0/Y_0 形　如图 3-23（c）所示，供仪表、继电器测量、监视三相三线制系统中的线电压和相电压。

④ 三个单相三绕组电压互感器或一个三相五心柱三绕组电压互感器接成 $Y_0/Y_0/\triangle$ 形，如图 3-23（d）所示，其接成 Y_0 的二次绕组与图 3-23（c）相同，辅助二次绕组接成开口三角形。

（4）电压互感器使用注意事项

① 电压互感器在工作时其二次侧不得短路。否则发生短路时，将产生很大短路电流，有可能烧毁互感器，甚至影响一次电路的安全运行。

② 电压互感器的二次侧有一端必须接地。防止一、二次绕组的绝缘击穿时，一次侧高电压窜入二次侧，危及人身和设备的安全。

③ 电压互感器在连接时，要注意其端子的极性。否则其二次侧所接仪表、继电器中的电压就不是预想的电压，影响正确测量，乃至引起保护装置的误动作。

3.1.4　高低压成套设备

3.1.4.1　高压开关柜

高压开关柜是按一定的线路方案，将有关高压电气设备组装而成的一种高压成套配电装置，其中安装有高压开关设备、保护电器、监测仪表以及母线和绝缘子等。

高压开关柜有手车式和固定式两大类，这些开关柜均装设功能完善的"五防"措施，即防止误跳、误合断路器；防止带负荷分、合隔离开关；防止带电挂接地线；防止带接地线合隔离开关；防止人员误入带电间隔。

（1）手车式高压开关柜

手车式高压开关柜的高压断路器等是装在可移动的手车上。

断路器等设备需检修时，可将故障手车拉出，然后推入同类备用手车，即可恢复供电。因此具有检修安全、供电可靠性高等优点，但价格较贵。

GC-10（F）型手车式高压开关柜的外形如图 3-24 所示。

（2）固定式高压开关柜

固定式高压开关柜由于比较经济，在一般中小型工厂中被广泛使用，但其故障时需停电检修，且检修人员要进入带电间隔，检修好后方可供电，故延长了恢复供电的时间。

GG-1A(F)-07S 型高压开关柜结构如图 3-25 所示。

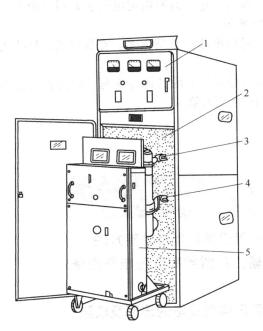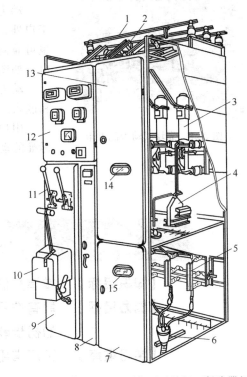

图 3-24　GC-10(F) 型高压开关柜
(断路器手车柜未推入)
1—仪表屏；2—手车室；3—上触头（兼起隔离
开关作用）；4—下触头（兼起隔离开关作用）；
5—SN10-10 型断路器手车

图 3-25　GC-1A(F)-07S 型高压开关柜（断路器柜）
1—母线；2—母线隔离开关（QS1，GN8-10 型）；3—少油
断路器（QF，SN10-10 型）；4—电流互感器（TA，LQJ-
10 型）；5—线路隔离开关（QS2，GN6-10 型）；6—电缆头；
7—下检修门；8—端子箱门；9—操作板；10—断路器的
手动操作机构（CS2 型）；11—隔离开关的操动机构手柄；
12—仪表继电器屏；13—上检修门；14，15—观察窗口

3.1.4.2　低压配电屏

低压配电屏是按一定的线供电方案，将有关低压电气设备组合而成的低压成套配电
装置，通常装设在变电所的低压配电室内，有固定式(图 3-26) 和抽屉式 （图 3-27） 等
类型。

低压配电屏主要用于工厂变电所 500V 以下配电系统中，作为动力与照明的配电装置。

图 3-26　固定式低压配电屏

图 3-27　抽屉式低压配电屏

图 3-28　靠墙式动力配电箱

3.1.4.3　动力和照明配电箱

　　动力和照明配电箱通常装设在各车间建筑内，也用于户外建筑工地。动力配电箱主要用于动力设备配电，也可兼向照明设备配电，而照明配电箱主要用于照明配电，如图 3-28 所示。

　　动力和照明配电箱的类型很多，有靠墙式、悬挂式和嵌入式。

　　用户也可根据对供电的具体要求与空间位置定做非标准的动力和照明配电箱。

任务 3.2　电气设备选择及校验

　　【知识目标】　掌握高低压电气设备选择及校验方法
　　【能力目标】　具有选择校验工厂常用高低压电气设备的初步能力
　　【学习重点】　工厂常用高低压电气设备的选择及校验

　　工厂供电系统中的电气设备包括电力变压器、高低压开关电器及互感器等，均需依据正常工作条件、环境条件及安装条件进行选择，部分设备还需依据故障情况下的短路电流进行动、热稳定度的校验，同时要求工作安全可靠，运行维护方便，投资经济合理。

　　电气设备按正常工作条件进行选择，就是要考虑电气设备装设的环境条件和电气要求。环境条件是指电气设备所处的位置（户内或户外）、环境温度、海拔高度以及有无防尘、防腐、防火、防爆等要求。电气要求是指电气设备对电压、电流、频率等方面的要求；对开关类电气设备还应考虑其断流能力。

　　电气设备按短路故障条件进行校验，就是要按最大可能的短路电流校验设备的动、热稳定度，以保证电气设备在短路故障时不致损坏。

　　表 3-1 是各种高低压电气设备选择校验的项目及条件。

表 3-1　高低压电气设备选择校验的项目及条件

电气设备名称	正常工作条件选择			短路电流校验	
	电压/kV	电流/A	断流能力/kA	动稳定度	热稳定度
高低压熔断器	√	√	√	×	×
高压隔离开关	√	√	×	√	√
低压刀开关	√	√	√	—	—
高压负荷开关	√	√	√	√	√
低压负荷开关	√	√	√	×	×
高压断路器	√	√	√	√	√
低压断路器	√	√	√	—	—
电流互感器	√	√	×	√	√
电压互感器	√	×	×	×	×
电容器	√	×	×	×	×
母线	×	√	×	√	√
电缆、绝缘导线	√	√	×	×	√

续表

电气设备名称	正 常 工 作 条 件 选 择			短 路 电 流 校 验	
	电压/kV	电流/A	断流能力/kA	动稳定度	热稳定度
支柱绝缘子	$\checkmark$	$\times$	$\times$	$\checkmark$	$\times$
套管绝缘子	$\checkmark$	$\checkmark$	$\times$	$\checkmark$	$\checkmark$
选择校验条件	电气设备的额定电压应大于安装地点的额定电压	电气设备的额定电流应大于通过设备的计算电流	开关设备的开断电流(或功率)应大于设备安装地点可能的最大开断电流(或功率)	按三相短路冲击电流值校验	按三相短路稳态电流值校验

注：表中"$\checkmark$"表示必须校验，"$\times$"表示不必校验，"—"表示可不校验。

3.2.1 高低压熔断器的选择与校验

熔断器的选择与校验，主要包括熔体电流的选择以及熔断器的校验。

3.2.1.1 熔体电流的选择

（1）用于保护电力线路

① 熔体额定电流 $I_{N \cdot FE}$ 应大于供电线路的计算电流 I_{30}，即

$$I_{N \cdot FE} \geqslant I_{30} \tag{3-3}$$

② 熔体额定电流 $I_{N \cdot FE}$ 应躲过线路的尖峰电流 I_{pk}。

$$I_{N \cdot FE} \geqslant K I_{pk} \tag{3-4}$$

式中　K——小于或等于 1 的计算系数。对单台电动机，取 $K = 0.3$，对多台电动机，取 $K = 0.5 \sim 1$。

③ 熔体额定电流 $I_{N \cdot FE}$ 应与被保护线路相配合。

$$I_{N \cdot FE} \leqslant K_{OL} I_{al} \tag{3-5}$$

式中　I_{al}——绝缘导线或电缆的允许载流量；

　　　K_{OL}——绝缘导线或电缆的允许短时过负荷系数：

若熔断器仅作短路保护，对电缆和穿管绝缘导线取 1.5；若熔断器除作短路保护外，还兼作过负荷保护时可取 1；

对有爆炸性气体区域内的供电线路，则应取 0.8。

如果按式(3-3)或式(3-4)所选择的熔体电流不满足式(3-5)的配合要求，可依据具体情况改选熔断器的型号规格，或适当加大绝缘导线或电缆的截面。

（2）用于保护电力变压器

$$I_{N \cdot FE} = (1.5 \sim 2.0) I_{1N \cdot T} \tag{3-6}$$

式中　$I_{1N \cdot T}$——电力变压器的额定一次电流。

附表 25 列出了 1000kV·A 及以下电力变压器配用的 RN1 和 RW4 型高压熔断器的规格供选用。

（3）用于保护电压互感器

由于电压互感器正常运行时二次侧接近于空载，因此保护电压互感器的熔体电流 $I_{N \cdot FE} = 0.5A$。

3.2.1.2 熔断器的选择及校验

（1）熔断器的选择

① 熔断器的额定电压 $U_{N \cdot FU}$ 应不低于安装处的额定电压，即 $U_{N \cdot FU} \geqslant U_N$。

② 熔断器的额定电流 $I_{N \cdot FU}$ 应不低于它所安装熔体的额定电流，即 $I_{N \cdot FU} \geqslant I_{N \cdot FE}$。

③ 熔断器类型应与实际安装地点的工作条件及环境条件（户内、户外）相适应。

（2）熔断器的校验

① 对"限流式"熔断器

$$I_{oc} \geqslant I_k''^{(3)} \tag{3-7}$$

式中　I_{oc}——熔断器的最大分断电流；

$I_k''^{(3)}$——熔断器安装处三相次暂态短路电流有效值，在无限大容量系统中

$$I_k''^{(3)} = I_\infty^{(3)} \tag{3-8}$$

② 对"非限流式"熔断器

$$I_{oc} \geqslant I_{sh}^{(3)} \tag{3-9}$$

式中　$I_{sh}^{(3)}$——熔断器安装处三相短路冲击电流有效值。

③ 对具有断流能力上下限的熔断器

$$I_{oc \cdot max} \geqslant I_{sh \cdot max}^{(3)}$$
$$I_{oc \cdot min} \leqslant I_{sh \cdot min} \tag{3-10}$$

式中　$I_{oc \cdot max}$——熔断器最大分断电流有效值；

$I_{oc \cdot min}$——熔断器最小分断电流有效值；

$I_{sh \cdot max}^{(3)}$——熔断器安装处最大三相短路冲击电流有效值；

$I_{sh \cdot min}$——熔断器安装处最小三相短路冲击电流有效值。

对 IT 系统（中性点不接地系统）取最小两相短路电流。

（3）保护灵敏度

$$S_P = \frac{I_{k \cdot min}}{I_{N \cdot FE}} \geqslant (4 \sim 7) \tag{3-11}$$

式中　$I_{k \cdot min}$——被保护线路末端在系统最小运行方式下的最小短路电流。

对 IT 系统取两相短路电流；对安装在变压器高压侧的熔断器，取低压侧母线两相短路电流折算到高压侧值。

（4）选择性的配合

对于多级熔断器保护，前后级熔断器之间应满足选择性配合的要求，即线路发生短路故障时，靠近故障点的熔断器应首先熔断，切除故障，从而使系统的其他部分迅速恢复正常运行。

（5）动、热稳定度的校验

熔断器不必校验其动、热稳定度，而且只要电路上装设熔断器保护，则此电路的所有电器和导体也不必校验动、热稳定度。

【例 3-1】 某车间内一条 380V 三相三线制线路供电给一台电动机。已知电动机的额定电流为 35A，启动电流为 180A，线路首端的三相短路电流为 20kA，线路末端的三相短路电流为 12kA，试选择装设在线路首端进行短路保护的 RTO 型熔断器，并校验熔断器的各项技术指标。

解： 选择熔体及熔断器。

$$I_{N \cdot FE} \geqslant I_{30} = 35A$$

且

$$I_{N \cdot FE} \geqslant K I_{pk} = 0.3 \times 180 = 54A$$

查附表 24，可选择 RT0-100/60 型熔断器，其 $I_{N \cdot FE} = 60A$，$I_{N \cdot FU} = 100A$，$I_{oc} = 50kA$。

熔断器保护的校验。

断流能力　查附表 24，RT0-100 型熔断器的 $I_{oc} = 50kA > 20kA$，满足要求。

保护灵敏度　线路末端三相短路电流为 12kA，则

$$S_P = \frac{I_{K \cdot \min}}{I_{N \cdot FE}} = \frac{0.866 \times 12 \times 10^3}{60} \approx 173 > (4 \sim 7)$$

满足灵敏度要求。

与线路配合　熔断器仅作短路保护，要求

$$I_{N \cdot FE} = 60A < 2.5 I_{al} = 2.5 \times 41 = 102.5A$$

满足配合要求。

3.2.2　高低压开关设备的选择校验

3.2.2.1　高压开关设备的选择

高压开关设备的选择，主要是对高压断路器、高压隔离开关以及高压负荷开关的选择。

① 开关的额定电压 $U_{N \cdot Q}$ 应不小于线路的额定电压 U_N，即 $U_{N \cdot Q} \geqslant U_N$。

② 开关的额定电流 $I_{N \cdot Q}$ 应不小于通过开关的计算电流 I_{30}，即 $I_{Q \cdot N} \geqslant I_{30}$。

③ 根据安装地点条件及操作要求，选择开关形式和操作机构类型。

3.2.2.2　高压开关设备的校验

（1）断流能力的校验

高压隔离开关不允许带负荷操作，只作隔离电源用，因此不校验其断流能力。

高压负荷开关允许带负荷操作，但不能切断短路电流，其断流能力按过负荷电流校验，即

$$I_{oc} \geqslant I_{OL \cdot \max}$$

式中　I_{oc}——负荷开关的最大分断电流；

$I_{OL \cdot \max}$——负荷开关所在电路的最大过负荷电流，取 $(1.5 \sim 3) I_{30}$。

高压断路器不但能通断负荷电流，还能切断短路电流，其断流能力按短路电流校验，即

$$I_{oc} \geqslant I_k^{(3)} \quad 或 \quad S_{oc} \geqslant S_k^{(3)}$$

式中　I_{oc}，S_{oc}——断路器的最大分断电流和断流容量；

$I_k^{(3)}$、$S_k^{(3)}$——断路器安装地点的三相短路电流和三相短路容量。

（2）动热稳定度校验

高压隔离开关、高压负荷开关和高压断路器，均需进行短路动、热稳定度校验。

校验动稳定度的公式为式(2-39) 或式(2-40)；校验热稳定度的公式为式(2-36)。具体选择与校验的项目可参照表 3-1 进行。

【**例 3-2**】　试选择图 3-29 所示电路中高压断路器的型号规格。已知 10kV 侧母线短路电流 $I_k = 5.3kA$，短路假想时间 $t_{ima} = 1.2s$。

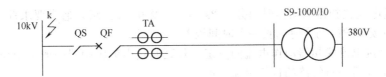

图 3-29　例 3-2 供电系统

解： 变压器最大工作电流按变压器的额定电流计算

$$I_{30} = I_{1N \cdot T} = \frac{S_N}{\sqrt{3} U_N} = \frac{1000}{\sqrt{3} \times 10} = 57.7A$$

短路电流冲击值

$$i_{sh} = 2.55I'' = 2.55 \times 5.3 = 13.515\text{kA}$$

短路容量

$$S_k = \sqrt{3}I_k U_c = \sqrt{3} \times 5.3 \times 10.5 = 96.4\text{MV} \cdot \text{A}$$

短路假想时间

$$t_{ima} = t_k = t_{op} + t_{oc} = 1.0 + 0.2 = 1.2\text{s}$$

根据选择条件和相关数据，宜选用 SN10-10 I /630 型高压断路器，其技术数据可由附表 17 查得。高压断路器选择校验结果如表 3-2 所示。由选择校验结果可知，所选设备合乎要求。

表 3-2 高压断路器选择校验结果

序号	安装处的电气条件		SN10-10 I /630 型断路器技术数据		
	项 目	数 据	项 目	技术数据	结 论
1	U_N	10kV	U_N	10kV	合格
2	I_{30}	57.7A	I_N	630A	合格
3	$I_k^{(3)}$	5.3kA	I_{oc}	16kA	合格
4	$i_{sh}^{(3)}$	13.5kA	i_{max}	40kA	合格
5	$I_\infty^{(3)2} t_{ima}$	$5.3^2 \times 1.2 = 33.7$	$I_t^2 t$	$16^2 \times 2 = 512$	合格

其余高压开关设备的选择校验可参照高压断路器的方法进行。

3.2.2.3 低压开关设备的选择与校验

低压开关设备的选择与校验，主要指低压断路器、低压刀开关、低压刀熔开关以及低压负荷开关的选择与校验。下面重点介绍低压断路器的选择、整定与校验。

(1) 低压断路器过电流脱扣器的选择

过电流脱扣器的额定电流 $I_{N \cdot OR}$ 应大于等于线路的计算电流 I_{30}，即

$$I_{N \cdot OR} \geq I_{30} \tag{3-12}$$

(2) 低压断路器过电流脱扣器的整定

① 瞬时过电流脱扣器动作电流的整定　瞬时过电流脱扣器的动作电流 $I_{op(0)}$ 应躲过线路的尖峰电流 I_{pk}，即

$$I_{op(0)} \geq K_{co} I_{pk} \tag{3-13}$$

式中 K_{co}——可靠系数，对 DW 型断路器可取 1.35，对 DZ 型断路器宜取 2~2.5。

② 短延时过电流脱扣器动作电流的整定　短延时过电流脱扣器的动作电流 $I_{op(s)}$ 应躲过线路的尖峰电流 I_{pk}，即

$$I_{op(s)} \geq K_{co} I_{pk} \tag{3-14}$$

式中 K_{co}——可靠系数，取 1.2。

短延时过电流脱扣器的动作时间分 0.2s、0.4s 及 0.6s 三级，通常要求前一级保护的动作时间比后一级保护的动作时间长一个时间级差（0.2s）。

③ 长延时过电流脱扣器动作电流的整定　长延时过电流脱扣器一般用于作过负荷保护，动作电流 $I_{op(l)}$ 仅需躲过线路的计算电流，即

$$I_{op(l)} \geq K_{co} I_{30} \tag{3-15}$$

式中 K_{co}——可靠系数，取 1.1。

动作时间应躲过线路允许短延时过负荷的持续时间。

④ 过电流脱扣器与被保护线路的配合　当线路过负荷或短路时，为保证绝缘导线或电缆不致因过热烧毁，而低压断路器的过电流脱扣器却拒动的事故发生，要求

$$I_{op} \leqslant K_{OL} I_{al} \tag{3-16}$$

式中　I_{al}——绝缘导线或电缆的允许载流量;

　　　K_{OL}——绝缘导线或电缆的允许短时过负荷系数,对瞬时和短延时取 4.5,对长延时取 1,对保护有爆炸性气体区域内的线路取 0.8。

如果上述所选择的过电流脱扣器不满足式(3-16) 的配合要求,可改选过电流脱扣器的动作电流,或适当加大绝缘导线或电缆的截面。

(3) 低压断路器热保护脱扣器的选择

热脱扣器的额定电流 $I_{N \cdot HR}$ 应大于等于线路的计算电流,即

$$I_{N \cdot HR} \geqslant I_{30} \tag{3-17}$$

(4) 低压断路器热保护脱扣器的整定

热保护脱扣器用于作过负荷保护,其动作电流 $I_{op \cdot HR}$ 需躲过线路的计算电流,即

$$I_{op \cdot HR} \geqslant K_{co} I_{30} \tag{3-18}$$

式中　K_{co}——可靠系数,通常取 1.1,但一般应通过实际测试进行调整。

(5) 低压断路器型号规格的选择与校验

① 断路器的额定电压应大于或等于安装处的额定电压。

② 断路器的额定电流应不小于它所安装过电流脱扣器与热脱扣器的额定电流。

③ 断路器应满足安装处对断流能力的要求。

对 DW 系列断路器

$$I_{oc} \geqslant I_k^{(3)} \tag{3-19}$$

式中　I_{oc}——断路器的最大分断电流;

　　　$I_k^{(3)}$——断路器安装处三相短路电流。

对 DZ 系列断路器

$$I_{oc} \geqslant I_{sh}^{(3)} \quad 或 \quad i_{oc} \geqslant i_{sh}^{(3)} \tag{3-20}$$

(6) 低压断路器保护对灵敏度的校验

$$S_P = \frac{I_{k \cdot min}}{I_{op}} \geqslant K \tag{3-21}$$

式中　I_{op}——低压断路器瞬时或短延时过电流脱扣器的动作电流;

　　　K——保护最小灵敏度,一般取 1.3;

　　$I_{k \cdot min}$——被保护线路末端在系统最小运行方式下的最小短路电流,对中性点直接接地系统取单相短路电流,对中性点不接地系统取两相短路电流。

低压断路器可不校验动、热稳定度。

【例 3-3】　一条 380V 三相四线制线路供电给一台电动机。已知电动机的额定电流为 80A,启动电流为 330A,线路首端的三相短路电流为 18kA,线路末端的三相短路电流为 8kA。拟采用 DW16 型低压断路器进行过电流保护,试选择 DW16 型低压断路器并校验保护的各项指标。

解:　① 选择 DW16 型断路器。

查附表 22 可知,DW16-630 型低压断路器的过流脱扣器额定电流 $I_{N \cdot OR} = 100A > I_{30} = 80A$,初步选择 DW16-630/100 型低压断路器。

由式(3-13) 可知

$$I_{op(0)} \geqslant K_{co} I_{pk} = 1.35 \times 330 = 445.5A$$

因此,过流脱扣器的动作电流可整定为 5 倍的脱扣器额定电流,即 $I_{op(0)} = 5 \times 100 = 500A$,满足躲过尖峰电流的要求。

② 低压断路器保护的校验。

断流能力　查附表22，DW16-630型断路器的 $I_{oc}=30\text{kA}>18\text{kA}$，满足要求。

保护灵敏度　线路末端三相短路电流为8kA，则

$$S_P=\frac{I_{K\cdot min}}{I_{op}}=\frac{0.866\times8\times10^3}{500}\approx14>1.3$$

满足灵敏度要求。

与被保护线路配合　断路器仅作短路保护，$I_{op}=500\text{A}<4.5I_{al}=4.5\times122=550\text{A}$，满足配合要求。

其他低压开关设备的选择比较简单，此处不再赘述。

3.2.3　电力变压器及其选择

电力变压器是变电所的核心设备，通过它将一种电压的交流电能转换成另一种电压的交流电能，以满足输电、供电、配电或用电的需要。

工厂变电所广泛使用的双绕组三相电力变压器，均为油浸式降压变压器。正确选择电力变压器的型号、容量和台数是非常重要的。

我国目前的变压器产品容量系列为R10系列，即变压器容量等级是按倍数确定的，如100kV·A、125kV·A、160kV·A、200kV·A、250kV·A、315kV·A、500kV·A、630kV·A、800kV·A、1000kV·A、1250kV·A、1600kV·A等。

有关电力变压器的技术数据，可参见附表4～附表6。

3.2.3.1　电力变压器台数的选择

选择变电所主变压器台数时需遵守下列原则。

① 对接有大量一、二级负荷的变电所，宜采用两台变压器，可保证一台变压器发生故障或检修时，另一台变压器能对一、二级负荷继续供电。

② 对只有二级负荷的变电所，如果低压侧有与其他变电所相联的联络线作为备用电源，也可采用一台变压器。

③ 对季节性负荷或昼夜负荷变动较大的变电所，可采用两台变压器，实行经济运行方式。

④ 对负荷集中而容量相当大的变电所，虽为三级负荷，也可采用两台或两台以上变压器，以降低单台变压器容量。

⑤ 除上述情况外，一般车间变电所宜采用一台变压器。

另外在确定变电所主变压器台数时，应适当考虑未来5～10年负荷的增长。

3.2.3.2　电力变压器容量的选择

选择变电所主变压器容量时应遵守下列原则。

(1) 仅装一台主变压器的变电所

主变压器的额定容量 S_{NT} 应满足全部用电设备总视在计算负荷 S_{30} 的需要，即

$$S_{NT}\geqslant S_{30} \tag{3-22}$$

(2) 装有两台主变压器且为暗备用的变电所

暗备用是指两台主变压器同时运行，互为备用的运行方式。

① 任一台变压器单独运行时，可承担60%～70%的总视在计算负荷 S_{30}，即

$$S_{NT}=(0.6\sim0.7)S_{30} \tag{3-23}$$

② 任一台变压器单独运行时，可承担全部一、二级负荷 $S_{(I+II)}$，即

$$S_{NT} = S_{30(I+II)} \tag{3-24}$$

（3）装有两台主变压器且为明备用的变电所

明备用是指两台主变压器一台运行、另一台备用的运行方式。

此时每台主变压器额定容量 S_{NT} 的选择方法与仅装一台主变压器变电所的方法相同。

另外，在确定变电所主变压器容量时，应适当考虑未来 $5 \sim 10$ 年负荷的增长。

【例 3-4】　某工厂 10/0.4kV 变电所，总视在计算负荷为 1200kV·A。其中一、二级负荷 750kV·A，试选择其主变压器的台数和容量。

解： ① 根据变电所一、二级负荷容量的情况，确定选两台主变压器。

② 按两台主变压器同时运行，互为备用的运行方式（暗备用）来选择每台主变容量

$$S_{NT} = (0.6 \sim 0.7)S_{30} = (0.6 \sim 0.7) \times 1200 = (720 \sim 840)kV \cdot A$$

$$S_{NT} = S_{30(I+II)} = 750kV \cdot A$$

综合上述情况，同时满足以上两式，可选择两台低损耗电力变压器（如 S9-800/10 型或 SL7-800/10 型）并列运行。

任务 3.3　导线截面选择及校验

> **【知识目标】**　掌握常用导线截面选择及校验方法
> **【能力目标】**　具有选择校验工厂供电系统常用导线的初步能力
> **【学习重点】**　工厂常用导线截面选择及校验方法

导线（包括裸导线、绝缘导线、电缆和母线）是工厂供电系统输送和分配电能的主要设备，需要消耗大量的有色金属，因此在选择时要综合考虑供电安全、可靠运行等因素，充分利用导线的载荷能力，节约有色金属，降低综合投资。

截面的选择必须满足下列条件。

（1）发热条件

导线通过正常电流 I_{30} 时，其发热所产生的温升，不应超过其最高允许温度（见附表 16），以防止因过热引起导线老化甚至绝缘损毁。

（2）电压损失

导线通过正常电流 I_{30} 时产生的电压损失，应小于正常运行时的允许电压损失，以保证供电质量。

（3）经济电流密度

对高电压、长距离输电线路以及大电流低压线路，其导线的截面宜按经济电流密度选择，以使供电线路的年综合运行费用最小，节约电能和有色金属。

（4）机械强度

正常工作时，导线应有足够的机械强度，以防止断线。通常要求导线截面应不小于该种导线在相应敷设方式下的最小允许截面（见附表 12 和附表 13）。

由于电缆具有高强度内外护套，机械强度很高，因此不必校验其机械强度，但需校验其

短路热稳定度。

（5）其他要求

对于绝缘导线和电缆，还应满足工作电压的要求；对于硬母线，还应校验短路时的动、热稳定度。

工程设计中，应根据技术经济的综合要求选择导线。6～10kV及以下高压线路及低压动力线路，电流较大，线路较短，可先按发热条件选择截面，再校验其电压损失和机械强度；低压照明线路对电压水平要求较高，故通常先按允许电压损失进行选择，再校验其发热条件和机械强度；35kV及以上的高压线路，则可先按经济电流密度确定经济截面，再校验发热条件、电压损失和机械强度。

3.3.1 按发热条件选择导线截面

工厂供电系统中使用的导线，其相线、中性线及保护线对截面的要求不同，在选择时应分别考虑。

3.3.1.1 相线截面的选择

为保证导线通电后发热所产生的温升不超过其最高允许值，按发热条件选择导线相线截面 S_φ 时，可按下式进行

$$I_{al} \geqslant I_{30} \tag{3-25}$$

式中　I_{30}——线路计算电流，对变压器高压侧导线，取变压器额定一次电流 $I_{1N \cdot T}$；

　　　I_{al}——导线的允许载流量（见附表14）。

必须注意，按发热条件选择的导线和电缆截面，还必须用式（3-5）或式（3-16）来校验它是否满足与相应的保护装置的配合要求。

3.3.1.2 中性线和保护线截面的选择

（1）中性线（N线）截面的选择

① 三相四线制线路，正常情况下中性线通过的电流很小，因此中性线截面 S_0 应不小于相线截面 S_φ 的50％，即

$$S_0 \geqslant 0.5 S_\varphi \tag{3-26}$$

② 三相四线制线路分支的两相三线线路和单相双线线路，由于其中性线电流与相线电流相等，因此它们的中性线截面 S_0 应与相线截面 S_φ 相同，即

$$S_0 = S_\varphi \tag{3-27}$$

③ 三次谐波电流突出的三相四线制线路（供电给变流设备的线路），由于各相的三次谐波电流都要通过中性线，使得中性线电流接近甚至超过相线电流，因此 S_0 宜不小于相线截面 S_φ，即

$$S_0 \geqslant S_\varphi \tag{3-28}$$

（2）保护线（PE线）截面的选择

正常情况下，保护线不通过负荷电流，但当三相系统发生三相接地时，短路电流要通过保护线，因此要考虑单相短路电流通过保护线时的热稳定度。

① 当 $S_\varphi \leqslant 16mm^2$ 时

$$S_{PE} \geqslant S_\varphi \tag{3-29}$$

② 当 $16mm^2 < S_\varphi \leqslant 35mm^2$ 时

$$S_{PE} \geqslant 16mm^2 \tag{3-30}$$

③ 当 $S_\varphi > 35mm^2$ 时

$$S_{PE} \geqslant 0.5 S_{\varphi} \tag{3-31}$$

（3）保护中性线（PEN 线）截面的选择

保护中性线兼有 PE 线和 N 线的双重功能，其截面选择应同时满足上述二者的要求，并取其中较大的截面作为 PEN 线截面 S_{PEN}。

【例 3-5】 有一条 220/380V 使用 BLV-500 型导线的供电线路，三相四线制并带保护线，采用穿塑料管暗敷设方式，负荷为三相电动机，计算电流为 60A，当地月平均气温为 35℃，试按发热条件选择该线路的导线截面。

解： ① 相线截面的选择

查附表 14，环境温度为 35℃时，35mm² 的 BLV-500 型穿塑料管暗敷的 5 条铝心塑料线的 $I_{al} = 60A$，满足发热条件，故相线截面 $S_{\varphi} = 35mm^2$。

② N 线截面的选择

由于负荷为三相电动机，可按式(3-26)选择 N 线截面为 $S_{\varphi} = 25mm^2$。

③ PE 线截面的选择

PE 线截面按式(3-30)规定，选为 25mm²。

穿线的硬塑料管内径，查附表 14，选为 65mm。

综上选定 BLV-500-(3×25＋1×25＋PE25)-VG65，其中 VG 为硬塑料管代号。

3.3.2 按经济电流密度选择导线截面

对于长距离、超高压输电线路导线截面的选择，应从满足技术经济要求出发，先确定综合效益最佳的"经济截面"，再按经济电流密度计算经济截面。

对应于经济截面 S_{ec} 的电流密度，称之为经济电流密度，用 J_{ec} 表示。

按经济电流密度计算经济截面

$$S_{ec} = I_{30}/J_{ec} \tag{3-32}$$

按式(3-32)计算出经济截面 S_{ec} 后，应选择接近但较小的标准截面，然后校验其他条件。

中国规定各种导线的经济电流密度值如表 3-3 所示。

表 3-3 各种导线的经济电流密度值 单位：A/mm

线路类别	导线材料	年最大负荷利用小时数 T_{max}/h		
		3000 以下	3000～5000	5000 以上
架空线路和母线	铜	3.00	2.25	1.75
	铝	1.65	1.15	0.90
电缆线路	铜	2.50	2.25	2.00
	铝	1.92	1.73	1.54

注：绝缘导线一般不按经济电流密度选择，故未列出。

【例 3-6】 一条长 25km 的 35kV 架空线路，在 15km 处有负荷 2600kW，线路末端处有负荷 2000kW，两处负荷的 $\cos\varphi$ 同为 0.85，$T_{max} = 5200h$，当地月平均气温为 30℃，试根据经济电流密度选择 LJ 型铝绞线，并校验其发热条件和机械强度。

解： ① 确定经济截面

线路的计算电流为

$$I_{30} = \frac{P_{30}}{\sqrt{3}U_N\cos\varphi} = \frac{4600}{\sqrt{3} \times 35 \times 0.85} = 89.3A$$

由表 3-3 查得 $J_{ec} = 0.9A/mm^2$，因此可得

$$S_{ec}=\frac{89.3A}{0.90(A/mm^2)}=99.2mm^2$$

选标准截面 95mm², 即选 LJ-95 型铝绞线。

② 校验发热条件

查附表 9, LJ-95 的允许载流量 (30℃时) $I_{al}=306A>89.3A$, 满足发热条件。

③ 校验机械强度

查附表 12, 35kV 铝绞线的最小截面 $S_{min}=35mm^2<S=95mm^2$, 因此所选 LJ-95 型铝绞线满足机械强度要求。

3.3.3 按电压损失选择导线截面

3.3.3.1 电压损失的概念

由于供电线路阻抗的存在, 当电流通过线路时就会产生电压损失 (又称电压损耗)。所谓电压损失, 是指线路首端和末端线电压的代数差, 即

以百分值表示 $$\Delta U\%=\frac{U_1-U_2}{U_N}\times100 \qquad (3-33)$$

为保证供电质量, 供电线路的电压损失一般不超过线路额定电压的 5% (即 $\Delta U_{al}\%\leqslant5\%$); 对视觉要求较高的照明线路, 则为 $\Delta U_{al}\%\leqslant2\%\sim3\%$。如线路的电压损失超过了允许值, 则应适当加大导线截面, 使之满足电压损失的要求。

3.3.3.2 电压损失的计算

(1) 一个集中负荷线路电压损失的计算

一个集中负荷, 是指线路终端只有一个负荷, 如图 3-30 所示。

线路电压损失为 $$\Delta U=\frac{(PR+QX)}{U_N} \qquad (3-34)$$

以百分值表示 $$\Delta U\%=\frac{\Delta U}{1000U_N}\times100=\frac{(PR+QX)}{10U_N^2} \qquad (3-35)$$

式中　P——负荷的三相有功功率, kW;

　　　Q——负荷的三相无功功率, kvar;

　　　U_N——线路的额定电压, kV;

　　　ΔU——线路的电压损失, V;

　　　R——线路的电阻, Ω;

　　　X——线路的电抗, Ω。

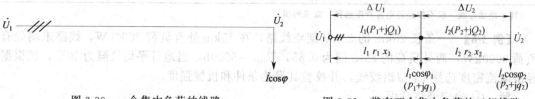

图 3-30　一个集中负荷的线路　　　图 3-31　带有两个集中负荷的三相线路

(2) 多个集中负荷线路电压损失的计算

如果一条线路带有多个集中负荷, 并已知每段线路的负荷及阻抗, 则可根据式(3-35)分别求出各段线路的电压损失, 线路总的电压损失即为各段线路电压损失之和, 如图 3-31 所示。

线路总的电压损失为

$$\Delta U = \frac{\sum(P_i R_i + Q_i X_i)}{U_N} \tag{3-36}$$

电压损失百分值为

$$\Delta U\% = \frac{\sum(P_i R_i + Q_i X_i)}{10 U_N^2} \tag{3-37}$$

式中　P_i——各段线路的有功功率，kW；

$\quad\quad Q_i$——各段线路的无功功率，kvar；

$\quad\quad R_i$——各段线路的电阻，Ω；

$\quad\quad X_i$——各段线路的电抗，Ω；

$\quad\quad U_N$——线路额定电压，kV。

【例 3-7】　试校验例 3-6 所选线路的电压损失，要求 $\Delta U_{al}\% \leqslant 5\%$。已知线路为等腰三角形假设，线间距离为 1m。

解：由例 3-6 知，线路导线截面为 LJ-95，依据已知条件查附表 9 得 $r_0 = 0.36\Omega/\text{km}$，$x_0 = 0.34\Omega/\text{km}$。

因为两段线路同为 $\cos\varphi = 0.85$，则

$$\cos^{-1}\varphi = 31.79$$

$$\tan\varphi = \tan\cos^{-1}\varphi = \tan 31.79 = 0.62$$

所以由分段线路 $p_1 = 2600\text{kW}$，$p_2 = 2000\text{kW}$ 可求得

$$q_1 = p_1\tan\varphi = 2600 \times 0.62 = 1618\text{kvar}$$

$$q_2 = p_2\tan\varphi = 2000 \times 0.62 = 1240\text{kvar}$$

第一段线路参数

$$P_1 = p_1 + p_2 = 2600 + 2000 = 4600\text{kW}$$

$$Q_1 = q_1 + q_2 = 1618 + 1240 = 2858\text{kvar}$$

$$r_1 = 0.36 \times 15 = 5.4\Omega$$

$$x_1 = 0.34 \times 15 = 5.1\Omega$$

第二段线路参数

$$P_2 = p_2 = 2000\text{kW}$$

$$Q_2 = q_2 = 1240\text{kvar}$$

$$r_2 = 0.36 \times 10 = 3.6\Omega；$$

$$x_2 = 0.34 \times 10 = 3.4\Omega$$

由式(3-37)求出线路总的电压损失为

$$\Delta U\% = \frac{(4600 \times 5.4 + 2858 \times 5.1 + 2000 \times 3.6 + 1240 \times 3.4)}{10 \times 35^2} = 4.15\% < 5\%$$

满足电压损失要求。

3.3.3.3　按允许电压损失选择导线截面

一般情况，当供电线路较短时常采用统一截面的导线。由公式(3-37)得

$$\Delta U\% = \frac{\sum P_i R_i}{100 U_N^2} + \frac{\sum Q_i X_i}{10 U_N^2} \tag{3-38}$$

$$= \Delta U_p\% + \Delta U_q\%$$

式中　$\Delta U_p\%$——由有功负荷及电阻引起的电压损失百分值；

$\quad\quad \Delta U_q\%$——由无功负荷及电抗引起的电压损失百分值。

(1) "均一无感" 线路

"均一无感"，即全部导线截面一致，且可不计感抗，或 $\cos\varphi \approx 1$，则电压损失为

$$\Delta U\% = \Delta U_p\% = \frac{\sum P_i l_i}{10\gamma U_N^2 S} = \frac{\sum M}{CS} \tag{3-39}$$

式中　P_i——各段线路的有功功率，kW；

　　　l_i——各段线路的长度，m；

　　　γ——线路导线电导率，铜 $\gamma=53\text{m}/(\text{mm}^2\cdot\Omega)$，铝 $\gamma=32\text{m}/(\text{mm}^2\cdot\Omega)$；

　　　S——导线的截面积，mm^2；

　　　U_N——电网额定电压，kV；

　　　M——各段线路的功率矩，$M=\rho l$，$\text{kW}\cdot\text{m}$；

　　　C——计算系数（$C=10\gamma U_N^2$），当电压及导体材料一定时为常数，如表 3-4 所示。

表 3-4　计算系数 C

线　路　类　别	线路额定电压/V	计算系数/(kW·m·mm⁻²)	
		铝导线	铜导线
三相四线或三相三线	380	46.2	76.5
两相三线		20.5	34.0
单相或直流	220	7.74	12.8
	110	1.94	3.21

注：低压线路接线方式较多，上表给出了计算系数 C 值。对高压线路，可按 $C=10\gamma U_N^2$ 计算。

如果已知线路的允许电压损失（$\Delta U_{al}\%$），则该线路的导线截面为

$$S = \frac{\sum M}{C\Delta U_{al}\%} \tag{3-40}$$

由导线计算截面 S 选出相应的标准截面，再校验发热条件和机械强度。

式（3-40）常用于照明线路导线截面的选择。

（2）"有感"线路

如果供电线路不符合无感线路的条件，则在按电压损失选择导线截面时，不但要考虑有功负荷及电阻引起的电压损失 $\Delta U_p\%$，还应考虑无功负荷或电抗引起的电压损失 $\Delta U_q\%$。

① 导线平均单位电抗值　6～10kV 架空线路，取 $X_0=0.4\Omega/\text{km}$；电缆线路 $X_0=0.08\Omega/\text{km}$。

② 无功负荷引起的电压损失

$$\Delta U_q\% = \frac{\sum Q_i x_i}{10 U_N^2} \tag{3-41}$$

③ 有功负荷引起的电压损失

$$\Delta U_p\% = \Delta U_{al}\% - \Delta U_q\% \tag{3-42}$$

④ 将 $\Delta U_p\%$ 代入式（3-39）中，计算出导线的截面 S，再据此选出标准截面。

⑤ 根据所选标准截面校验电压损失、发热条件和机械强度。如不满足要求，可适当加大所选截面，直到满足以上条件为止。

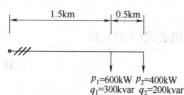

图 3-32　例 3-8 线路图

【例 3-8】某中型工厂由一条 6kV 架空线路供电给两个车间，负荷资料如图 3-32 所示。导线采用 LJ 型铝绞线，等距三角形架设，线距 1m，环境温度为 30℃，整个线路允许电压损失 $\Delta U_{al}\% \leqslant 5\%$，试按电压损失选择导线截面。

解： ① 选择导线截面

设架空线路单位电抗 $x_0=0.4\Omega$，由式(3-41)得无功负荷引起的电压损失

$$\Delta U_q\%=\frac{\sum Q_i x_i}{10 U_N^2}=\frac{(300+200)\times 0.4\times 1.5+200\times 0.4\times 0.5}{10\times 6^2}=0.944\%$$

故由式(3-42)得

$$\Delta U_p\%=\Delta U_{al}\%-\Delta U_q\%=5\%-0.944\%=4.056\%$$

由式(3-39)计算导线截面

$$S=\frac{\sum P_i l_i}{10\gamma U_N^2 \Delta U_p\%}=\frac{(600+400)\times 1500+400\times 500}{10\times 32\times 6^2\times 4.056}=36.38\text{mm}^2$$

查附表9，选取 LJ-50 型铝铰线，其 $r_0=0.66\Omega/\text{km}$，$x_0=0.36\Omega/\text{km}$。

② 校验电压损失

第一段线路参数

$$P_1=p_1+p_2=600+400=1000\text{kW}; \quad Q_1=q_1+q_2=300+200=500\text{kvar}$$

$$r_1=0.66\times 1.5=0.99\Omega; \quad x_1=0.36\times 1.5=0.54\Omega$$

第二段线路参数

$$P_2=p_2=400\text{kW}; \quad Q_2=q_2=200\text{kvar}$$

$$r_2=0.66\times 0.5=0.33\Omega; \quad x_2=0.36\times 0.5=0.18\Omega$$

由式(3-37)求出线路实际电压损失为

$$\Delta U\%=\frac{(1000\times 0.99+500\times 0.54+400\times 0.33+200\times 0.18)}{10\times 6^2}=3.967\%<5\%$$

满足电压损失要求。

③ 校验发热条件及机械强度

发热条件 查附表9，LJ-50 型导线在环境温度为 30℃时的载流量为 202A，而线路的计算电流为

$$I_{30}=\frac{P_{30}}{\sqrt{3}U_N\cos\varphi}=\frac{\sqrt{P_1^2+Q_1^2}}{\sqrt{3}U_N}=\frac{\sqrt{1000^2+500^2}}{\sqrt{3}\times 6}=107\text{A}$$

满足发热条件。

机械强度 查附表12，6～10kV 架空线路在非居民区的最小截面为 25mm²，因此满足机械强度。

 小 结

(1) 高低压电气设备

工厂常用的电气设备有：高低压熔断器、高压隔离开关、高压负荷开关、高压断路器、低压刀开关、低压断路器、互感器、高低压成套设备（高低压开关柜）和电力变压器等。

(2) 电气设备选择及校验

高低压电气设备都是以电压、电流条件来初选型号，然后再校验断流能力、短路的动稳定度和热稳定度。

对于工厂变电所的变压器，主要进行台数和容量的选择。

（3）导线截面选择及校验

导线截面的选择方法有三种：按发热条件选择、按电压损失条件选择、按经济电流密度条件选择。同时还要考虑导线的机械强度。对于绝缘导线和电缆，还应满足工作电压的要求。

在工程设计中，对于 6～10kV 及以下的高压配电线路和低压动力线路，先按发热条件选择导线截面，再校验电压损失和机械强度；对 35kV 及以上的高压输电线路和 6～10kV 长距离、大电流线路，则先按经济电流密度选择导线截面，再校验发热条件、电压损失和机械强度；对低压照明线路，先按电压损失选择导线截面，再校验发热条件和机械强度。

3-1 熔断器在电路中的主要功能是什么？试举例指出几种"限流式"熔断器和"非限流式"熔断器。

3-2 高压隔离开关在电路中起何作用？为什么不可带负荷操作？

3-3 高压负荷开关与高压隔离开关有哪些不同？在装设高压负荷开关的电路中采用什么措施来切除短路故障？

3-4 工厂常用的高压断路器有哪些类型？说出几种常用的型号？

3-5 低压断路器有哪些类型？说出低压断路器的操作和保护功能？

3-6 说明互感器具有哪些功能？使用电流互感器和电压互感器时应注意哪些事项？

3-7 一台典型的高压开关柜或低压配电屏由哪些电气设备构成？

3-8 说出你见过的动力配电箱的类型？箱内有哪些低压电气设备？

3-9 高低压电气设备如何按正常条件进行选择？如何按短路故障条件进行校验？

3-10 在熔断器的选择中，为什么熔体的额定电流要与被保护的线路相配合？

3-11 在低压断路器的选择中，为什么过流脱扣器的动作电流要与被保护的线路相配合？

3-12 工厂变电所的变压器如何进行台数和容量的选择？

3-13 一条 380V 三相三线制线路供电给一台电动机，电动机的额定电流为 50A，启动电流为 300A，线路首端三相短路电流为 15kA，线路末端三相短路电流为 7kA，拟采用 RTO 型熔断器进行过电流保护，环境温度为 30℃。试选择 RTO 型熔断器及熔体的额定电流，并校验熔断器的各项技术指标（建议 K 取 0.3）。

3-14 某 10/0.4kV 变电所，总计算负荷为 1200kV·A。其中一、二级负荷 800 kV·A，试选择 S9 系列主变压器的台数和容量。

3-15 简述一般情况下，导线的选择必须满足哪些条件？在工程设计中，应如何选择导线？

3-16 某工厂 10kV 供电线路，全长 1.5km，其首端 1km 处接有计算负荷 $P_1=500kW$，$\cos\varphi_1=0.7$，末端接有计算负荷 $P_2=400kW$，$\cos\varphi_2=0.8$。全线采用同型号 10kV 聚乙烯电缆，当地月平均气温 30℃，允许电压损失为 5%。试按发热条件选择此导线的标准截面并校验电压损失。

3-17 有一条用 LGJ 型钢芯铝绞线架设的 35kV 架空线路，线路长度 14km，计算负荷为 4300kW，$\cos\varphi=0.78$，$T_{max}=5200h$。试选择其经济截面，并校验发热条件、电压损失和机械强度。

实 验 须 知

（1）实验目的

① 配合理论教学，使学生增加供电方面的感性认识，巩固和加深供电方面的理性认识，提高课堂教学质量。

② 培养学生使用仪器仪表进行供电实验的技能，培养学生分析处理实验数据和编写实验报告的能力。

③ 培养严肃认真、细致踏实的工作作风和团结协作的优良品质。

（2）实验要求

① 每次实验前，必须认真预习有关实验指导书，明确实验任务、要求和步骤，结合复习有关理论知识，分析实验线路。

② 每次实验时，首先要检查仪器仪表是否齐备、完好；了解其型号、规格和使用方法，并按要求抄录有关铭牌数据。然后按实验要求接好实验线路。实验者自己先行检查无误后，再请指导教师检查。在指导教师认可后方可合上实验电源。

③ 实验中，要做好对实验现象、实验数据的观测和记录。测试时，要正确选择仪器仪表的量程，使仪器仪表指示应在满刻度的 1/3～3/4 为宜。

④ 在实验过程中，要注意人身及设备安全，防止触电事故。如发现异常现象，应立即切断电源，分析原因。待故障消除后再继续进行实验。

⑤ 实验内容全部完成后，要认真检查实验数据是否合理和有无遗漏。实验数据需经指导教师检查认可后，方可拆除实验线路。拆除实验线路前，必须先切断电源。实验结束后应将实验设备、仪表复归原位，并清理好导线和实验桌面，做好周围环境的清洁卫生。

（3）实验报告

每次实验之后，都要进行总结，并编写实验报告，以巩固实验成果。

实验报告应包括下列内容。

① 实验名称、实验日期、实验班级、实验者姓名、同组者姓名。

② 实验任务和要求。

③ 实验设备。

④ 实验线路。

⑤ 实验数据、实验图表。

⑥ 对实验结果进行分析讨论，并回答实验指导书所提出的思考题。

实验1 高压电器的认识实验

1.1 实验目的

① 通过对各种常用高压电器的观察研究，了解它们的基本结构、工作原理、使用方法及主要技术性能等。

② 通过对有关高压开关柜的观察研究，了解它们的基本结构、主接线方案、主要设备的布置及开关的操作方法等。

③ 通过拆装高压少油断路器，进一步了解其内部结构和工作原理。

1.2 实验设备

（1）高压开关电器

① RN1 或 RN2 型高压熔断器、RW 型跌落式熔断器。

② GN 型高压隔离开关。

③ SN10 型高压少油断路器、ZN 型高压真空断路器。

④ CS2 型和 CD10 型操动机构。

(2) 高压开关柜

① GG-1A (F) 固定式高压开关柜。

② GC-10 (F) 手车式高压开关柜。

1.3 实验步骤

观察各种高压熔断器的结构，了解其工作原理、保护性能和使用方法。

观察各种高压开关（包括隔离开关和断路器）及其操动机构的结构，了解其工作原理、性能和操作要求。

观察各种高压开关柜的结构，了解其主接线方案和主要设备布置，并通过实际操作，了解其运行操作方法。对"防误型"开关柜，了解其如何实现"五防"要求。

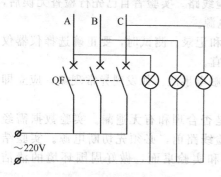

实验图 1　断路器三相合闸
同时性的试验电路

拆开高压少油断路器的油筒，拆下导电杆（动触头）、固定插座（静触头）和灭弧室等，了解它们的结构、装配关系和灭弧原理。

组装复原断路器，并进行三相合闸同时性的检查。试验电路如实验图 1 所示。采用手动合闸，观察三只灯泡是否同时点亮，以判断三相合闸接触是否同时。如不同时，则需对导电杆的行程进行调整。

1.4 思考题

① 高压隔离开关和高压断路器在结构、性能和操作要求等方面各有什么特点？

② 为什么要进行高压断路器三相合闸同时性的检查和调整？

实验 2　低压电器的认识实验

2.1 实验目的

① 通过对各种常用低压电器的观察研究，了解它们的基本结构、工作原理、使用方法及主要技术性能等。

② 通过对有关低压配电屏的观察研究，了解它们的基本结构、主接线方案、主要设备的布置及开关的操作方法等。

③ 通过低压断路器的脱扣试验，进一步了解低压断路器的结构和动作特性。

2.2 实验设备

(1) 低压电器

各种类型的低压熔断器、刀开关、刀熔开关、负荷开关、低压断路器等，固定式低压配电屏、抽屉式低压配电屏。

(2) 其他设备及仪器

● 单相变压器（220/6V，5kV·A）。

● 单相调压器（220V，10kV·A）。

● 示波器（长余辉）、电流表、电气秒表等。

2.3 实验步骤

2.3.1 低压电器观察研究

① 观察各种低压熔断器的结构,了解其工作原理、保护性能和使用方法。

② 观察各种低压开关(包括刀开关、刀熔开关、负荷开关、低压断路器)结构,了解其工作原理、性能和操作要求。

③ 观察低压配电屏的结构,了解其主接线方案和主要设备布置,并通过实际操作,了解其运行操作方法。

2.3.2 DZ型低压断路器的脱扣试验

打开DZ型低压断路器塑料外壳,观察其灭弧装置、热脱扣器和电磁脱扣器的结构。

(1) 热脱扣试验

① 按实验图2所示电路连接好线路,将调压器 T_1 的输出电压调至零。

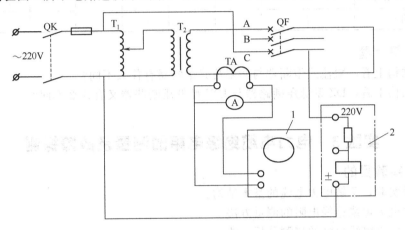

实验图2 低压断路器脱扣试验电路
1—示波器;2—电气秒表

② 合上电源开关 QK 和低压断路器 QF。调节 T_1,使通过断路器 QF 的电流 $I=2I_N$,I_N 为断路器热脱扣器额定电流。

③ 断开 QK,使电气秒表回零。

④ 合上 QK,电气秒表开始计时,直到热脱扣器动作使断路器 QF 跳闸为止,电气秒表停走,由此可得热脱扣器动作时间。

⑤ 合上 QK 和 QF,调节 T_1,使通过 QF 的电流分别为 $I=(3I_N、5I_N、10I_N)$,重新测量热脱器动作时间。

⑥ 将试验所得的动作时间 t 与对应的动作电流倍数 I/I_N 记入实验表1中。

实验表1 DZ型低压断路器脱扣试验数据

动作电流倍数 I/I_N	2	3	5	10	>10
动作时间 t/s					

(2) 瞬时脱扣试验

① 按实验图2所示电路连接好线路,将调压器 T_1 的输出电压调至零。

② 合上 QK 和 QF。调节 T_1,使通过 QF 的电流 $I=200A$,调节示波器 Y 轴放大器,使 200A 电流波形的幅值恰好为1格,并保持不变。

③ 调节 T_1,使通过 QF 的电流达到瞬时脱扣电流值,此时断路器 QF 瞬时跳闸。

④ 保持 T_1 手柄不动,使电气秒表回零。

⑤ 再合断路器 QF，记录示波器中电流波形的幅值和频率值，换算成电流和时间（注：如果断路时间＞0.06s，说明电流并未达到瞬时脱扣电流。此时，可调 T_1，增大电流重新测量）。

⑥ 将试验所得的动作时间 t 与对应的动作电流倍数 I/I_N 记入实验表1中。

2.3.3　DW 型低压断路器的脱扣试验

打开 DW 型低压断路器灭弧罩，观察灭弧结构、触头系统、脱扣器与合闸电磁铁的结构。

仍按实验图2所示电路连接好线路，试验方法及步骤与 DZ 型的脱扣试验相同，按实验表2所示测定不同动作电流倍数 I/I_N 的动作时间 t 记入实验表2中。

实验表 2　DW 型低压断路器脱扣试验数据

脱扣器	长延时			短延时			瞬时
动作电流倍数 I/I_N							
动作时间 t/s							

2.4　思考题

① 从结构上看，限流式熔断器与非限流式熔断器有什么不同？

② 从结构上看，DZ 型低压断路器与 DW 型低压断路器又有什么不同？

实验 3　电力电缆绝缘电阻的测量及故障探测

3.1　实验目的

① 通过实验，了解电力电缆的基本结构。

② 掌握电力电缆绝缘电阻的测量方法。

③ 学会电力电缆故障的探测分析方法。

3.2　实验设备

- 兆欧表1只。
- 三心电力电缆1段。
- 模拟故障电缆1束。

3.3　实验电路

（1）电缆绝缘电阻的测量

实验电路如实验图3所示。

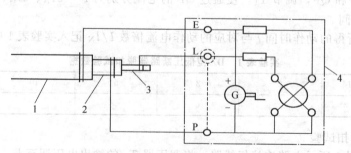

实验图 3　用兆欧表测量电缆绝缘电阻

1—电缆外皮；2—绝缘层；3—电缆芯线；4—兆欧表；

E—接地端子；L—线路端子；P—保护端子

（2）电缆故障的探测分析

利用一束四根导线，包括黄（L_1相）、绿（L_2相）、红（L_3相）、黑（电缆外皮），来模拟待探测的三心故障电缆。

由实验指导教师在实验前对此模拟电缆人为地制造断线、短路、接地故障，并将故障部分用胶布缠好，作为故障电缆供实验用。

3.4　实验步骤

① 观察实际的电力电缆外形结构。

② 按实验图 3 所示接好测量线路，用兆欧表测量相与相及相对外皮（地）的绝缘电阻。

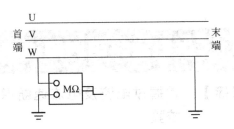

实验图 4　电缆故障探测的示意图

③ 按照实验图 4 所示接好测量线路和实验表 3 所示测量要求，用兆欧表分别测量电缆首端和末端相对外皮（地）及相与相间的绝缘电阻，并将测量结果记入实验表 3 中。

④ 按实验表 3 的测量结果分析电缆故障的性质，并在实验指导教师认可下，将模拟电缆故障点的胶布拆开，验证该故障是否与实际相符。

实验表 3　电缆绝缘电阻的测量数据

测量顺序	绝缘电阻/MΩ					
	相-地			相-相		
	L_1	L_2	L_3	L_1-L_2	L_2-L_3	L_3-L_1
在首端测量						
在末端测量						
末端短接接地在首端测量						

3.5　思考题

① 从结构上看，电缆与一般绝缘导线有什么区别？

② 测量电缆的绝缘电阻时，为什么要将电缆的绝缘层接到兆欧表的保护端子？否则对测量结果有什么影响？

③ 用兆欧表测量某电缆首端 L_1 相对地的绝缘电阻为 $500MΩ$，而在其末端测量 L_1 相对地的绝缘电阻为 $5000Ω$，试问该电缆 L_1 相的线芯可能出现了什么故障？

项目 4 变电所供电系统保护

任务 4.1 供电线路带时限过电流保护

【知识目标】 掌握过电流及电流速断保护的整定和校验

【能力目标】 具有对工厂一般继电保护整定和校验的能力

【学习重点】 工厂供电线路带时限过电流保护

4.1.1 继电保护的任务

工厂供电系统电气设备在运行中，由于各种原因可能发生故障或出现不正常运行状况。这些情况都可能引发事故，以至于造成电气设备的损坏，甚至造成人身伤亡。

为了防止故障或不正常运行状况的方式，在工厂的高压供电系统中，一般采用继电保护装置，来消除或减少因故障而造成的设备损失或者人身伤亡；在低压供电系统中，多数采用熔断器保护和低压断路器保护。

继电保护装置是指能反应供电系统中电气设备发生的故障或不正常工作状态，并能动作于断路器跳闸或启动信号装置发出预报信号的一种自动装置。

继电保护的主要任务如下。

① 自动地、迅速地、有选择性地将故障元件从供电系统切除，使其它非故障部分迅速恢复正常供电。

② 能正确反应电气设备的不正常运行状态，并根据要求，发出预报信号，以便值班人员采取措施，使电气设备正常工作。

③ 继电保护装置与供电系统的自动装置配合，可以大大缩短事故停电时间，从而提高供电系统的运行可靠性。

4.1.2 继电器

继电保护装置是由若干个继电器组成自动保护系统。

继电器是一种能自动动作的电器，其特征是当输入的物理量进入继电器或达到一定数值时就能自动动作，这种动作特性称为继电特性。

继电器一般由感受元件、比较元件和执行元件等三个部分构成。

4.1.2.1 继电器的表示方法

继电器采用国家规定的文字符号和图形符号加以表示。表 4-1 和表 4-2 给出了常用元件的文字符号（英文标注）和图形符号，使用时按常规方式进行标注。

表 4-1 继电保护常用元件的文字符号

序号	设备及元件的名称	符号	序号	设备及元件的名称	符号	序号	设备及元件的名称	符号
1	备用电源自动投入装置	APD	19	保护线	PE	36	变流器,整流器	U
2	自动重合闸装置	ARD	20	保护中性线	PEN	37	晶体管	V
3	电容,电容器	C	21	电度表	PJ	38	导线,母线	W
4	熔断器	FU	22	电压表	PV	39	事故音响信号小母线	WAS
5	绿色指示灯	GN	23	断路器,低压断路器（自动开关）	QF	40	母线	WB
6	指示灯,信号灯	HL				41	控制电路电源小母线	WC
7	电流继电器	KA	24	刀开关	QK	42	闪光信号小母线	WF
8	气体（瓦斯继电器）	KG	25	负荷开关	QL	43	预报信号小母线	WFS
9	热继电器	KH	26	隔离开关	QS	44	灯光信号小母线,线路	WL
10	中间继电器,接触器	KM	27	电阻	R	45	合闸电路电源小母线	WO
11	合闸接触器	KO	28	红色指示灯	RD	46	信号电路电源小母线	WS
12	信号继电器	KS	29	电位器	RP	47	电压小母线	WV
13	时间继电器	KT	30	控制开关,选择开关	SA	48	端子板,电抗	X
14	电压继电器	KV	31	按钮	SB	49	连接片	XB
15	电感,电感线圈,电抗器	L	32	变压器	T	50	电磁铁	YA
16	电动机	M	33	电流互感器	TA	51	合闸线圈	YO
17	中性线	N	34	零序电流互感器	TAN	52	跳闸线圈,脱扣器	YR
18	电流表	PA	35	电压互感器	TV			

4.1.2.2 常用继电器

在中国 35kV 及以下供电系统的继电保护，目前仍大量采用电磁式和感应式继电器。

（1）电流、电压继电器

电流或电压继电器在继电保护中作为过电流或低电压保护的启动元件，当供电系统电流超过要求值或电压低于规定值时，继电器启动，在其他设备的配合下切除故障。图 4-1 所示为电磁式电流继电器外形图。

（2）时间继电器

时间继电器在继电保护中起计时（延时）作用，以保证保护装置动作的选择性。时间继电器的外形如图 4-2 所示。

（3）中间继电器

中间继电器的作用是为了扩充继电保护装置出口继电器的触点数量和容量，以适应保护工作的需要。

图 4-1 电磁式
电流继电器

表 4-2 继电保护常用元件的图形符号

序号	元 件 名 称	图形符号	序号	元 件 名 称	图形符号
1	电容,电容器	—||—	3	信号灯,指示灯	⊗
2	熔断器	—▭—	4	电流继电器	I >

续表

序号	元 件 名 称	图形符号	序号	元 件 名 称	图形符号
5	气体继电器		21	合闸线圈,跳闸线圈,脱扣器	
6	热继电器		22	连接片	
7	中间继电器		23	切换片	
8	一般继电器和接触器的线圈		24	热继电器常闭触点	
9	信号继电器		25	常开触点	
10	时间继电器		26	常闭触点	
11	电压继电器	U<	27	延时闭合的常开触点	
12	电流表	A	28	延时断开的常闭触点	
13	电压表	V	29	非自动复位的常开触点	
14	电度表	wh	30	先合后断的转换触点	
15	电阻		31	断路器	
16	电位器,可变电阻		32	普通刀开关	
17	常开按钮		33	隔离开关	
18	常闭按钮		34	负荷开关	
19	电流互感器		35	刀熔开关	
20	电压互感器		36	跌落式熔断器	

中间继电器的工作原理遵循电磁原理，其结构类似电磁线圈，配以多对容量较大触点。图 4-3 所示为电磁式中间继电器外形图。

（4）信号继电器

信号继电器用于继电保护装置的动作指示器。信号继电器的外形如图 4-4 所示。

图 4-2 时间继电器

图 4-3 电磁式中间继电器

图 4-4 信号继电器

（5）感应式继电器

感应式继电器兼有电磁式电流继电器、时间继电器、中间继电器和信号继电器的功能，可大大简化继电保护装置。

感应式继电器的结构如图 4-5 所示。它由带延时动作的感应部分与瞬时动作的电磁部分组成。

① 感应系统 主要由带有短路环 2 的电磁铁芯和圆形铝盘 3 组成，用来反映流入电流的大小。通入继电器的电流越大，铝盘转速越快，动作时间就越短，这种特性称为反时限特性。动作电流可人工整定。当通入的电流大到一定程度，使铁芯饱和，铝盘的转速再也不随电流的增大而加快时，继电器的动作时间便成为定值。

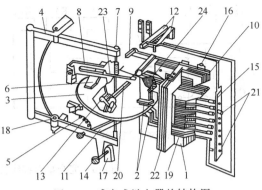

图 4-5 感应式继电器的结构图

1—电磁铁；2—短路环；3—圆形铝盘；4—框架；5—弹簧；6—阻尼磁铁；7—螺杆；8—扇形齿轮；9—横担；10—瞬动衔铁；11—钢片；12—接点；13—时限调整螺钉；14—螺钉；15—插座板；16—电流调整螺钉；17,20—挡板；18—轴；19—线圈；21—插销；22—磁分路铁芯；23—顶杆；24—信号掉牌

② 电磁系统 由装在电磁铁上侧的衔铁 10 和两对常开、常闭触点构成。当通入继电器线圈的电流大到整定值的某个倍数时，未等感应系统动作，触点立即闭合，即构成电磁系统的速断特性。速断部分的动作电流值可以调整，其速断动作电流调整范围是感应系统整定电流值的 2～8 倍。

继电器本身带有信号掉牌，而且接点容量又较大，所以组成反时限过电流保护时，无需再接入其他继电器。

4.1.3 供电线路的继电保护

在供电线路上发生短路故障时，其重要特征是电流增加和电压降低，根据这两个特征可以构成电流、电压继电保护，继电保护装置指令高压断路器的跳闸机构动作，使断路器跳闸，切除短路故障。

反应电流突然增大使继电器动作而构成的保护装置，称为过电流保护，主要包括带时限过电流保护和电流速断保护。

反应电压突然降低使继电器动作而构成的保护装置，称为低电压保护。低电压保护一般与电流保护配合使用，例如低电压闭锁过电流保护。

4.1.3.1 继电保护的接线方式

继电保护的接线方式是指继电器与电流互感器二次线圈之间的连接方式。常见的接线方式有以下几种。

（1）三相完全星形接线（三相三继电器式）

① 接线方式 如图 4-6（a）所示，由三台电流互感器 TA 与三只电流继电器 KA 对应连接。任何短路故障时，流过 KA 的电流总是与 TA 的一次电流成比例。各种短路时电流相量如图 4-6（b）、（c）、（d）所示。

该接线方式对各种短路都能起到保护作用，而且具有相同的灵敏度。例如，三相短路时，各相 TA 二次侧流有经变换的短路电流，它们分别通过三只 KA 的线圈，使继电器动作；又如，两相或单相接地短路时，与短路相相对应的两只或一只 KA 动作。

② 接线系数 K_W 指流入继电器电流 I_{KA} 与电流互感器二次电流 I_{TA} 比值，即

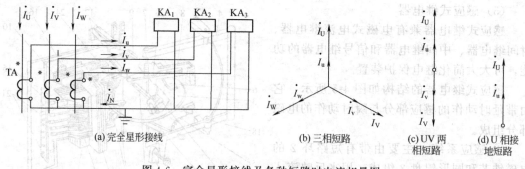

图 4-6 完全星形接线及各种短路时电流相量图

$$K_W = I_{KA}/I_{TA} \tag{4-1}$$

很明显，三相完全星形的接线系数在任何情况下均为 1，即 $K_W = 1$。

（2）两相不完全星形接线（两相两继电器式）

① 接线方式 如图 4-7 所示，在 U、W 两相装有电流互感器，分别与两只电流继电器相连接，但 V 相没有装设。

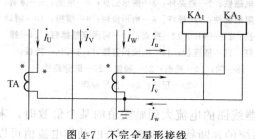

图 4-7 不完全星形接线

该接线方式对各种相间短路都能起到保护作用，但 V 相接地短路故障时不能反应。因此，该接线方式不能用于单相接地保护，但很适合用于 6～10kV 小电流接地的工厂供电系统中，作为相间短路保护的接线。

② 接线系数 K_W 该接线方式的接线系数均为 1，即 $K_W = 1$。

（3）两相电流差接线（两相一继电器式）

① 接线方式 如图 4-8(a) 所示，它由两只电流互感器和一只电流继电器组成。正常工作时，流入继电器的电流 I_{KA} 为 U 相和 W 相电流的相量差，其数值是电流互感器二次电流的 $\sqrt{3}$ 倍。两相电流差式接线能够反应各种相间短路，短路电流的相量如图 4-8(b)、(c)、(d) 所示。

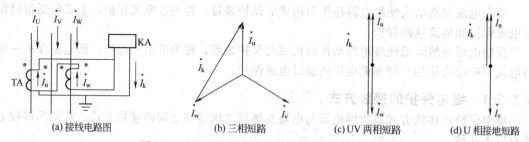

图 4-8 两相电流差接线及各种短路时电流相量图

② 接线系数 K_W 不同的相间短路，流入继电器的电流与电流互感器二次侧电流的比值是不同的，即接线系数 K_W 是不同的，因而其灵敏度也不同。

● 三相短路时，流入继电器的电流 I_{KA} 是互感器二次侧电流 I_{TA} 的 $\sqrt{3}$ 倍，即 $K_W^{(3)} = \sqrt{3}$。

● U、W 两相（均装有 TA）短路，由于两相短路电流大小相等，相位差 180°，所以继电器电流是电流互感器二次侧电流的 2 倍，即 $K_W^{(U,W)} = 2$。

● 当 U、V 两相或 V、W 两相（V 未装 TA）短路，由于只有 U 相或 W 相电流互感器 TA 反应短路电流，而且直接流入 TA，因此 $K_W^{(U,V)} = K_W^{(V,W)} = 1$。

（4）接线方式小结

① 三相完全星形接线可以反应各种短路故障，其缺点是需三个电流互感器与三个电流继电器，不够经济。它主要用于大电流接地系统中，作为相间短路和单相接地短路保护用。

② 两相不完全星形接线，动作可靠性不如前一种接线，当 U、V 相或 V、W 相间短路时，只有一个继电器反应故障，而 V 相发生单相接地短路时，保护装置不反应。但其所用设备较少，接线较经济，常用于工厂 6～10kV 小电流接地系统作为相间短路保护。

③ 两相电流差接线所用设备最少、最经济，但由于对不同类型短路故障反应的灵敏度和接线系数不同，因此，只用在 10kV 及以下小电流接地系统中，作为小容量设备和高压电动机保护接线。

4.1.3.2 带时限的过电流保护

在供电系统中，当被保护线路发生短路时，继电保护装置动作，并以动作时间来保证选择性，带时限过电流保护就是这样的保护装置。带时限过电流保护，分为定时限过电流保护和反时限过电流保护两种。

所谓定时限保护，是指保护装置的动作时间是恒定的，与短路电流大小无关。

所谓反时限保护，是指保护装置的动作时间与短路电流大小（反应到继电器中的电流）成反比关系。

（1）定时限过电流保护

① 定时限过电流保护的组成。

定时限过电流保护一般由两个主要元件组成，即启动元件和延时元件。启动元件即电流继电器，当被保护线路发生短路故障，短路电流增加到大于电流继电器的动作电流时，电流继电器立即启动。延时元件即时间继电器，用以建立适当的延时，保证继电保护动作的选择性。

图 4-9 所示的是两相两继电器式定时限过电流保护的原理电路图。

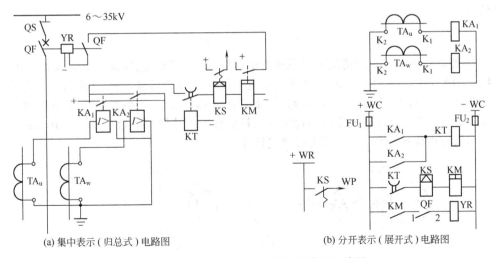

(a) 集中表示（归总式）电路图　　　　(b) 分开表示（展开式）电路图

图 4-9　两相式定时限过电流保护装置电路图

在正常情况下，电流继电器 KA$_1$、KA$_2$ 和时间继电器 KT 的触点是断开的。当供电线路发生短路故障时，短路电流经 TA 流入 KA$_1$、KA$_2$，如果短路电流大于其整定值时它便启动，并通过其触点将时间继电器 KT 的线圈回路接通，KT 开始动作，经过延时后，信号继电器 KS 触点闭合，使 KS 发出信号及出口中间继电器 KM 接通断路器跳闸线圈 YR，使断路器 QF 跳闸,切除短路故障。由上述可知,保护装置的动作时间只取决于时间继电器的动作时间,也就是说不论短路电流多大,保护装置的动作时间是恒定的,因此,称这种保护装置为定时限过电流保护。

② 定时限过电流保护的整定。

• 动作电流整定 过电流保护装置中继电器动作电流为

$$I_{OP} = \frac{K_{co}K_W}{K_{re}K_{TA}} I_{L \cdot max} \tag{4-2}$$

式中 K_{co}——可靠系数,取 1.2;

   $I_{L \cdot max}$——线路最大负荷电流,取 $(1.5 \sim 3)I_{30}$;

    K_{re}——返回系数,对 DL 型电流继电器取 0.85,对 GL 型电流继电器取 0.8;

    K_{TA}——电流互感器变流比;

    K_W——接线系数。

• 灵敏度校验 按式(4-2)确定的动作电流,在线路出现最大负荷电流时不会发生误动作,但当线路发生各种短路故障时,保护装置都必须准确动作,即要求流过保护装置的最小短路电流必须大于其动作电流。能否满足这项要求,需要进行灵敏度校验。过电流保护灵敏度应满足

$$S_P = \frac{K_W}{K_{TA}K_{OP}} I_{k \cdot min}^{(2)} \geqslant 1.5 \tag{4-3}$$

式中 $I_{k \cdot min}^{(2)}$——被保护线路末端在系统最小运行方式下的两相短路电流,即

$$I_{k \cdot min}^{(2)} = \frac{\sqrt{3}}{2} I_k^{(3)}$$

• 动作时限的整定 定时限过电流保护的动作时限,应该比下一段线路的过电流保护中最大的动作时限大一个时间级差 Δt,即时间阶梯原则。所以,对 n 段线路保护的延时可按下式选择。

$$t_{n-1} = t_{n \cdot max} + \Delta t \tag{4-4}$$

Δt 不能取得太小,一般情况下电磁式继电器取 $\Delta t = 0.5s$,感应式继电器取 $\Delta t = 0.6s$。

【例 4-1】 图 4-10 所示的无限大容量供电系统中,6kV 线路 L-1 上的 $I_{L \cdot max}$ 为 298A,TA 变比 400/5。K-1、K-2 点三相短路时归算至 6.3kV 侧的最小短路电流分别为 930A、2660A。变压器 T-1 上设置的定时限过电流保护装置 1 的动作时限为 0.6s。拟在线路 L-1 上设置定时限过电流保护装置 2,试进行整定计算。

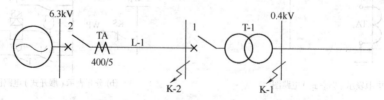

图 4-10 无限大容量供电系统示意图

解: 采用两相两继电器式接线的保护装置,其原理接线图如图 4-8 所示。

① 动作电流的整定

取 $K_{co} = 1.2$,$K_W = 1$,$K_{re} = 0.85$ 则由式(4-2)求得

$$I_{OP}=\frac{K_{co}K_W}{K_{re}K_{TA}}I_{L\cdot max}=\frac{1.2\times1}{0.85\times400/5}\times298=5.26A$$

查附表 29，选 DL-21C/10 型电流继电器两只，并整定为 $I_{OP}=6A$。

② 灵敏度校验

由式（4-3）得

$$S_P=\frac{K_WI_{k2\cdot min}^{(2)}}{K_{TA}I_{OP}}=\frac{K_W}{K_{TA}I_{OP}}\times\frac{\sqrt{3}}{2}I_{k2\cdot min}^{(2)}=\frac{1}{(400/5)\times6}\times\frac{\sqrt{3}}{2}\times2660=4.8>1.5$$

满足灵敏度要求。

③ 动作时间整定

由时限阶梯原则，动作时限应比下一级大 Δt，则

$$t_{L-1}=t_{T-1}+\Delta t=0.6+0.5=1.1s$$

由附表 31，选 DS-21 型时间继电器，时间整定范围为 0.2～1.5s。

通过上述分析，定时限过电流保护的动作电流是按最大负荷电流整定的，它的保护范围总是延伸到相邻的下一级线路，其选择性是靠动作时间保证的。这样，如线路段数越多，则越靠近电源的保护，动作时间越长，不能满足动作迅速的要求，这是定时限过电流保护在原理上存在的缺点。为了克服定时限过电流保护时限长的缺点，可采用反时限过电流保护。

（2）反时限过电流保护

动作时间与短路电流成反比变化的过电流保护，称反时限过电流保护。反时限过电流保护装置，一般由 GL 系列感应式继电器组成。

① 反时限过电流保护的组成　用 GL 系列感应式继电器组成反时限过电流保护，可采用两相两继电器式接线，也可以采用两相电流差接线方式。接线分别如图 4-11（a）、（b）所示。

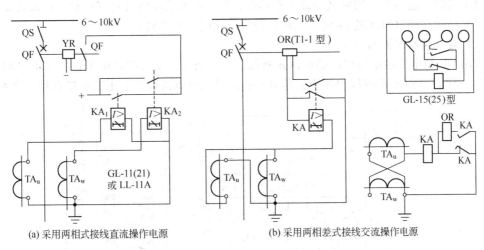

(a) 采用两相式接线直流操作电源　　　(b) 采用两相差式接线交流操作电源

图 4-11　反时限过电流保护装置原理电路图

● 两相式接线　图 4-11（a）所示为两相式反时限过电流保护原理电路图（直流操作电源）。

正常运行时，继电器不动作。当主电路发生短路时，流经继电器 KA_1 或 KA_2 电流超过其整定值时，继电器启动，经反时限延时，其触点闭合，使断路器 QF 跳闸。同时，继电器中的信号牌掉牌，指示继电保护动作。

● 两相差式接线　图 4-11（b）所示为两相差式反时限过电流保护原理电路图（交流操作

电源)。

正常运行时常开触点断开，交流瞬时脱扣器 OR 无电，不能去跳闸。当主电路发生短路时，流经继电器 KA 电流超过其整定值，则继电器 KA 启动，经反时限延时，其常开触点立即接通，常闭触点随后断开，将 OR 串入 TA 二次侧，利用 I_k 的能量使断路器 QF 跳闸。一旦跳闸，I_k 被切除，保护装置返回原来状态。这种交流操作方式广泛用于 6~10kV 以下的小型变电所或高压电动机的继电保护。

② 反时限过电流保护的整定计算　反时限过电流保护动作电流整定和灵敏度校验与定时限完全一样。

反时限过电流保护的动作时限并非定值，与流过的电流值有关。为了保证前后级保护装置动作的选择性，应按"时限阶梯原则"进行整定。

(3) 带时限过电流保护结论

定时限过电流保护的优点是简单、经济、可靠、便于维护，用在单端供电系统中，可以保证选择性，且一般情况下灵敏度较高。缺点是接线较复杂，且需直流操作电源；靠近电源处的保护装置动作时限较长。定时限过电流保护装置广泛用于 10kV 及以下供电系统中作主保护；在 35kV 及以上系统中作后备保护。

反时限过电流保护装置优点是继电器数量大为减少，只需一种 GL 型电流继电器，而且可使用交流操作电源，又可同时实现电流速断保护，因此投资少，接线简单。缺点是动作时间整定麻烦，而且误差较大；当短路电流较小时，其动作时限较长，延长了故障持续时间。

4.1.3.3　电流速断保护

在带时限过电流保护中，保护装置的动作电流都是按照最大负荷电流的原则整定的，因此，为了保证保护装置动作的选择性，就必须采用逐级增加的阶梯形时限特性。这就造成了短路点越靠近电源，保护装置动作时限越长，短路危害也越加严重。

为了克服上述缺点，同时又保证动作的选择性，一般采用电流速断保护。中国规定，当过电流保护的动作时间超过 1s 时，应该装设电流速断保护装置。

(1) 电流速断保护的构成

采用 DL 型电流继电器组成的电流速断保护，相当于把定时限过电流保护中的时间继电器去掉。图 4-12 所示是被保护线路上同时装有定时限过电流保护和电流速断保护的电路图。

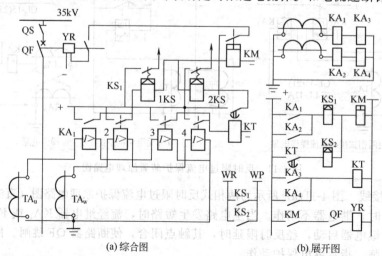

(a) 综合图　　(b) 展开图

图 4-12　无时限电流速断与定时限过电流保护相配合的原理电路图

其中，KA_3、KA_4、KT、KS_2 与 KM 组成定时限过电流保护；KA_1、KA_2、KS_1 与 KM 组成电流速断保护。后者比前者只少了时间继电器 KT。

采用 GL 型电流继电器组成的电流速断保护，可直接利用 GL 型电流继电器的电磁系统来实现电流速断保护，而其感应系统又可用作反时限过电流保护。

（2）速断电流的整定

为了保证选择性，电流速断保护的动作范围不能超过被保护线路末端，速断保护的动作电流（即速断电流）应躲过（大于）被保护线路末端最大短路电流。

电流速断保护的动作电流（速断电流）为

$$I_{qb} = \frac{K_{co} K_w}{K_{TA}} I_{K \cdot max}^{(3)} \tag{4-5}$$

式中　I_{qb}——电流速断保护装置的速断电流；

K_{co}——可靠系数，对 DL 型继电器取 1.2，对 GL 型继电器取 1.4；

$I_{K \cdot max}^{(3)}$——被保护线路末端的最大三相短路电流。

（3）灵敏度校验

电流速断保护的灵敏度，应按其安装处（即线路首端）在系统最小运行方式下的两相短路电流来校验。

$$S_P = \frac{K_w}{K_{TA} I_{qb}} I_{K \cdot min}^{(2)} \geqslant 1.5 \tag{4-6}$$

式中　$I_{K \cdot min}^{(2)}$——线路首端在系统最小运行方式下的两相短路电流。

【例 4-2】　某工厂供电线路的最大负荷电流为 298A，线路首端最小三相短路电流为 6900A，线路末端最大三相短路电流为 1627A。拟在线路首端装设电流速断保护装置，采用 GL 型电流继电器，电流互感器变比为 400/5，两相电流差式接线。试求电流速断保护的速断电流，并校验速断灵敏度。

解：①求速断电流

取 $K_{co} = 1.4$，$K_w = \sqrt{3}$（两相差接线），$K_{TA} = 400/5 = 80$。

已知线路 L-2 首端 K-3 点最大短路电流 $I_{K3 \cdot max}^{(3)} = 1627A$。

由式（4-5）有

$$I_{qb} = \frac{K_{co} K_w}{K_{TA}} I_{K \cdot max}^{(3)} = \frac{1.4 \times \sqrt{3}}{80} \times 1627 = 49.3A$$

故速断倍数

$$n_{qb} = \frac{I_{qb}}{I_{OP}} = \frac{49.3}{10} = 4.93$$

近似取 $n_{qb} = 5$

② 校验灵敏度

已知线路 L-2 首端 K-4 点最小三相短路电流 $I_{K4 \cdot max}^{(3)} = 6900A$。

由式（4-6）有

$$S_P = \frac{K_w}{K_{TA} I_{qb}} I_{K \cdot min}^{(2)} = \frac{\sqrt{3}}{80 \times 49.3} \times 0.866 \times 6900 = 2.6 > 1.5$$

满足要求。

任务 4.2　电力变压器的继电保护

【知识目标】　掌握工厂变压器的继电保护
【能力目标】　具有变压器继电保护整定的初步能力
【学习重点】　电力变压器的继电保护

在工厂供电系统中，变压器占有很重要的地位。因此，提高变压器工作的可靠性，对保证企业安全供电具有非常重要的意义。在考虑装设保护装置时，应充分估计到变压器可能发生的故障和不正常运行方式，并根据变压器的容量和重要程度装设专用的保护装置。

变压器的故障可分为内部故障和外部故障两类。内部故障主要是变压器绕组的相间短路、匝间短路和中性点接地侧单相接地短路。变压器最常见的外部故障，是引出线绝缘套管的故障，它可能引起引出线相间短路或接地（对变压器外壳）短路。

变压器的不正常工作情况有：由于外部短路或过负荷引起的过电流、油面的降低和温度升高等。

根据上述可能发生的故障，工厂变电所变压器一般应装设下列保护装置。

① 瓦斯保护　用来防御变压器内部故障，其中轻瓦斯动作于预告信号，重瓦斯动作使电源侧断路器跳闸。

② 过电流保护　用来防御变压器内部和外部短路而引起的过电流，延时动作于断路器跳闸。

③ 电流速断保护　用来防御变压器内部故障和引出线的相间短路、接地短路，瞬间作用于断路器跳闸。

④ 过负荷保护　用来防御变压器因过负荷而引起的过电流。保护装置只接在某一相的电路中，一般延时动作于信号。

⑤ 单相接地保护　对低压侧为中性点直接接地系统（三相四线制），当高压侧的保护灵敏度不满足要求时，装设专门的零序电流保护。

4.2.1　变压器瓦斯保护

瓦斯保护又称气体继电保护，是反应变压器内部故障最有效、最灵敏的保护装置。

（1）瓦斯继电器结构和动作原理

瓦斯保护的主要元件是瓦斯继电器，它装设在变压器的油箱与油枕之间的联通管上，如图 4-13 所示。

瓦斯继电器主要有两种型式：浮筒式和开口杯式。现在广泛采用的是开口杯式。图 4-14 所示是开口杯式瓦斯继电器的结构示意图。

变压器正常工作时，瓦斯继电器的上下油杯中都是充满油的，油杯因其平衡锤的作用使其上下触点都是断开的。

当变压器油箱内部发生轻微故障致使油面下降时，上油杯因其中盛有剩余的油使其力矩大于平衡锤的力矩而下降，从而使上触点接通，发出报警信号，这就是轻瓦斯动作。

当变压器油箱内部发生严重故障时，由于故障产生的气体很多，冲击挡板，使下油杯降落，从而使下触点接通，直接动作于跳闸。这就是重瓦斯动作。

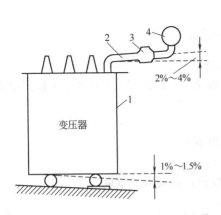

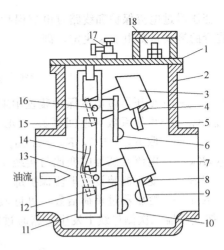

图 4-13　瓦斯继电器在变压器上的安装

1—变压器油箱；2—联通管；

3—气体继电器；4—油枕

图 4-14　瓦斯继电器的结构示意图

1—盖；2—容器；3—上油杯；4、8—永久磁铁；

5—上动触点；6—上静触点；7—下油杯；9—下动触点；

10—下静触点；11—支架；12—下油杯平衡锤；

13—下油杯转轴；14—挡板；15—上油杯平衡锤；

16—上油杯转轴；17—放气阀；18—接线盒

如果变压器出现漏油，将会引起瓦斯继电器内的油慢慢流尽。先是上油杯降落，接通上触点，发出报警信号；当油面继续下降时，会使下油杯降落，下触点接通，从而使断路器跳闸，切断变压器。

（2）瓦斯保护的原理接线

瓦斯保护的原理接线如图 4-15 所示。当变压器内部发生轻微故障时，瓦斯继电器 KG 的上触点 1～2 闭合，作用于预告（轻瓦斯动作）信号；当变压器内部发生严重故障时，KG 的下触点 3～4 闭合，经信号继电器 KS 和中间继电器 KM 作用于断路器 QF 的跳闸机构 YR，使 QF 跳闸，同时通过信号继电器 KS 发出跳闸（重瓦斯动作）信号。为了防止由于其他原因瓦斯

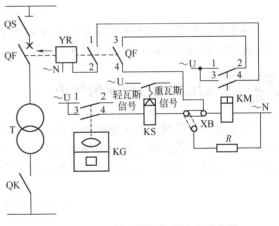

图 4-15　变压器瓦斯保护的接线示意图

T—电力变压器；KG—气体继电器；KS—信号继电器；

KM—中间继电器；QF—断路器；YR—跳闸线圈；XB—切换片

保护的误动作，可以利用切换片 XB 将重瓦斯切换至动作用于信号。此外，在瓦斯继电器试验时也应切换至信号。

4.2.2　变压器的过电流保护

变压器的过电流保护用来保护变压器外部短路时引起的过电流，同时又可作为变压器内部短路时，瓦斯保护的后备保护。为此，过电流保护装置应装在电源侧。

工厂变电所的变压器一般采用 Y，d11（即 Y/△-11）接线，为了提高保护灵敏度，变压器过电流保护采用三相完全星形接线方式，而不采用两相两继电器式接线，更不能采用两相电流差式接线。

变压器过电流保护和线路过电流保护一样，变压器动作电流的整定，应按照躲开流经保护装置的最大负荷电流来决定，即

$$I_{op} = \frac{K_{co}K_W}{K_{re}K_{TA}}K_{OL}I_{NT} \tag{4-7}$$

式中　I_{op}——变压器过电流保护装置中继电器动作电流；

K_{co}, K_{re}——可靠系数与返回系数，DL 型继电器取 $K_{co}=1.2$，$K_{re}=0.85$，GL 型继电器取 $K_{co}=1.3$，$K_{re}=0.85$；

K_{TA}, K_W——电流互感器的变比与接线系数；

I_{NT}——变压器装设过电流保护那一侧的额定电流；

K_{OL}——变压器过负荷倍数，可近似取 $K_{OL}=2$。

按变压器二次侧母线上发生短路时进行灵敏度校验，即要求灵敏度

$$S_P = \frac{K_W}{K_{TA}I_{op}}I_{K \cdot min}^{(2)} \geqslant 1.5 \tag{4-8}$$

式中　$I_{K \cdot min}^{(2)}$——在系统最小运行方式下，变压器二次侧母线上发生两相短路时，流经变压器一次侧两相最小短路电流。

变压器过电流保护的动作时限仍按阶梯原则整定，应比下一级各引出线过电流保护动作时限最长者大一个时限阶段，即

$$t_T = t_{max} + \Delta t \tag{4-9}$$

需要指出的是，对于中小型工厂或车间变电所的 $(6\sim10)/0.4kV$ 终端变电所，变压器过电流保护的动作时限可整定为最小值 $0.5s$。

4.2.3　变压器的电流速断保护

为了保证选择性，变压器电流速断保护的动作电流必须大于变压器二次侧母线上发生短路时，流经保护装置的三相最大短路电流次暂态值，以免短路时二次侧母线各引出线上错误地断开变压器。因此，流过电流继电器的速断电流可按式(4-10)决定

$$I_{qb} = K_{co}K_W \frac{I_{K \cdot max}^{\prime\prime(3)}}{K_{TA}} \tag{4-10}$$

式中　K_{co}——可靠系数，DL 系列继电器取 $K_{co}=1.3$，GL 系列继电器取 $K_{co}=1.5$；

$I_{K \cdot max}^{\prime\prime(3)}$——在系统最大运行方式下，变压器二次侧母线发生三相短路时，流经变压器一次侧的最大三相短路电流的次暂态值。

必须指出，变压器在空载投入或短路切除后电压突然恢复时，将有很大的励磁浪涌电流流入变压器一次绕组，此时速断保护装置不应误动作。工厂变电所运行经验证实，速断电流只要大于变压器一次额定电流的 $3\sim5$ 倍，即可避免励磁浪涌电流错误地断开变压器。

变压器电流速断保护的灵敏度，应根据变压器一次侧两相短路电流进行校验，即

$$S_P = \frac{K_W}{K_{TA}I_{qb}}I_{K \cdot min}^{\prime\prime(2)} \geqslant 2 \tag{4-11}$$

式中　$I_{K \cdot min}^{\prime\prime(2)}$——系统在最小运行方式下，变压器一次侧两相短路时最小短路电流的次暂态值。

变压器电流速断保护装置虽然结构简单、动作迅速，但保护范围仅限于变压器原绕组和

部分副绕组到保护装置安装处，且有死区。因此，它必须和过电流保护装置配合使用。

4.2.4　变压器的过负荷保护

变压器过负荷保护的动作电流，应躲过变压器的一次额定电流，故过负荷保护电流继电器的动作电流为

$$I_{op} = \frac{K_{co}}{K_{re} K_{TA}} I_{1NT} \tag{4-12}$$

式中　K_{re}, K_{co}——返回系数与可靠系数，取 $K_{re} = 0.85$，$K_{co} = 1.25$；

　　　K_{TA}, I_{1NT}——电流互感器变比与变压器一次侧额定电流。

过负荷保护的动作时限，按应躲过电动机自启动时间考虑，通常取 $10\sim15s$。

4.2.5　变压器的单相接地保护

变压器单相接地保护，又称零序电流保护。根据变压器运行规程要求，Y，yn 接线的变压器二次侧单相不平衡负荷不得超过额定容量的 25%，因此，变压器二次侧单相接地保护的动作电流应按式(4-13)整定。

$$I_{op}^{(1)} = K_{co} \frac{0.25 I_{2NT}}{K_{TA}} \tag{4-13}$$

式中　K_{co}——可靠系数，取 $K_{co} = 1.2$；

　　　I_{2NT}——变压器二次侧额定电流。

变压器单相接地保护的灵敏度校验，应满足下式要求。

$$S_P^{(1)} = \frac{I_{K \cdot min}^{(1)}}{K_{TA}^{(1)} I_{op}^{(1)}} \geqslant 1.25\sim1.5 \tag{4-14}$$

式中　$I_{K \cdot min}^{(1)}$——系统最小运行方式下，变压器二次侧线路末端单相接地最小短路电流；

　　　$K_{TA}^{(1)}$——零序电流互感器变比。

单相接地保护的动作时限，应比下一级分支线保护设备最长时限大一个时限阶段，通常整定为 $0.5\sim0.7s$。

任务 4.3　变电所防雷接地保护

【知识目标】　掌握变电所防雷接地保护的基本应用

【能力目标】　具有初步设计变电所防雷接地保护的能力

【学习重点】　工厂变电所防雷接地保护

4.3.1　中性点运行方式

电力系统的中性点是指发电机或变压器的中性点。考虑到电力系统运行的可靠性、安全

性、经济性及人身安全等因素，电力系统中性点常采用不接地、经消弧线圈接地和直接接地三种运行方式。

4.3.1.1 中性点不接地方式

中性点不接地方式即电力系统的中性点不与大地相接。

电力系统中的三相导线之间和各相导线对地之间都存在着分布电容。设三相系统是对称的，则各相对地均匀分布的电容可由集中电容 C 表示，线间电容电流数值较小，可不考虑，如图 4-16(a) 所示。

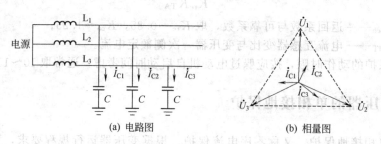

(a) 电路图　　　　(b) 相量图

图 4-16　正常运行时中性点不接地的电力系统

系统正常运行时，三个相电压 $\dot{U}_1$、$\dot{U}_2$、$\dot{U}_3$ 是对称的，三相对地电容电流 $\dot{i}_1$、$\dot{i}_2$、$\dot{i}_3$ 也是对称的，其相量和为零，中性点电流为零。各相对地电压就是其相电压，见图 4-16(b)。

当系统任何一相接地时，各相对地电压、对地电容、电流都要发生改变。当接地故障相（例如第 3 相）完全接地时，其接地相，对地电压为零，非接地相，对地电压均升高 $\sqrt{3}$ 倍，变为线电压；同时接地相，接地电容电流为正常时每相对地电容电流的 3 倍，非接地相，对地电容电流也升高 $\sqrt{3}$ 倍；三个线电压相位和量值均未发生变化，此时系统可继续运行（不超过 2h）。如图 4-17 所示。

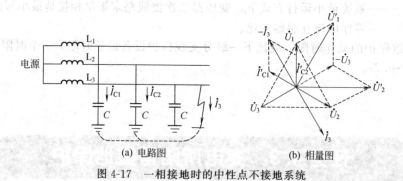

(a) 电路图　　　　(b) 相量图

图 4-17　一相接地时的中性点不接地系统

为了保证在发生单相接地故障时能够及时发现并得到处理，中性点不接地系统一般都装有单相接地保护装置或绝缘监测装置。在发生接地故障时及时发出警报，使工作人员尽快排除故障，在可能的情况下，应把负荷转移到备用线路上去。

中国 6～10kV 供电系统和部分 35kV 供电系统采用中性点不接地方式。

4.3.1.2 中性点经消弧线圈接地方式

在中性点不接地系统中，当单相接地电流超过规定数值时，电弧不能自行熄灭。一般采用经消弧线圈接地措施来减小接地电流，使故障电弧自行熄灭。这种方式称为中性点经消弧线圈接地方式，如图 4-18 所示。

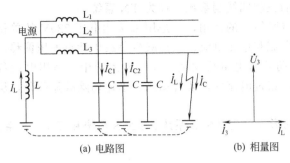

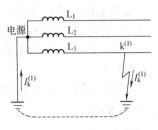

图 4-18　一相接地时的中性点经消弧线圈接地系统　　　　图 4-19　一相接地时的中
性点直接接地系统

消弧线圈 L 是一个具有铁芯的电感线圈，线圈本身电阻很小，感抗却很大。通过调节铁芯气隙和线圈匝数改变感抗值，以适应不同系统中运行的需要。

在正常运行情况下，三相系统是对称的，中性点电流为零，消弧线圈中没有电流通过。当发生一相接地（例如第 3 相）时，就把相电压 U_3 加在消弧线圈上，使消弧线圈有电感电流 I_L 流过。因为电感电流 I_L 和接地电容电流 I_C 相位相反，因此在接地处互相补偿。如果消弧线圈电感选用合适，会使接地电流减到很小，而使电弧自行熄灭。这种系统和中性点不接地系统发生单相接地故障时，接地电流均较小，故通常统称为小电流接地系统。

中性点经消弧线圈接地系统，与中性点不接地系统一样，当发生单相接地故障时，接地相电压为零，三个线电压不变，其他两相电压也将升高 $\sqrt{3}$ 倍，因而单相接地运行也同样不允许超过两小时。

目前在 35～60kV 的供电系统中多采用这种接地方式。当 35kV 供电系统中单相接地电流大于 5A、6～10kV 供电系统中单相接地电流大于 30A 时，其中性点均要求采用经消弧线圈接地方式。

4.3.1.3　中性点直接接地方式

在电力系统中采用中性点直接接地方式，即把中性点直接和大地相接。这种方式可以防止中性点不接地系统中单相接地时产生的间歇电弧过电压。

在中性点直接接地系统中，如发生单相接地，则接地点和中性点通过大地构成回路，形成单相短路，其单相短路电流 $I_k^{(1)}$ 比线路正常负荷电流要大许多倍，使保护装置动作或使熔断器熔断，将短路故障切除，恢复其他无故障部分继续正常运行，因而中性点直接接地系统，又称为大电流接地系统，如图 4-19 所示。

中性点直接接地系统发生单相接地时，既不会产生间歇电弧过电压，也不会使非接地相电压升高。因此这种系统中供用电设备的相绝缘只需按相电压设计。这样对超高压系统而言，可以大大降低电网造价，具有较高的经济技术价值；对低压配电系统可以减少对人身及设备的危害。但是，每次发生单相接地故障时，都会使保护装置跳闸或熔断器熔断，从而中断供电，使供电可靠性降低。为了提高供电可靠性，克服单相接地必须切断故障线路这一缺点，目前在中性点直接接地系统中广泛采用自动重合闸装置。

目前中国 110kV 及以上供电系统均采用中性点直接接地方式，380/220V 低压配电系统也采用中性点直接接地方式。

4.3.1.4　低压配电 TN 系统

中国的低压配电系统，通常采用三相四线制系统，即 380/220V 低压配电系统。该系统采用电源中性点直接接地方式，而且引出中性线（N 线）或保护线（PE 线）。这种将中性点直接接地，而且引出中性线或保护线的三相四线制系统，称为 TN 系统。

在低压配电的 TN 系统中，中性线（N 线）的作用，一是用来接相电压 220V 的单相设备；二是用来传导三相系统中的不平衡电流和单相电流；三是减少负载中性点电压偏移。保护线（PE）的作用是为保障人身安全，防止触电事故发生。在 TN 系统中，当用电设备发生单相接地故障时，就形成单相短路，线路过电流保护装置动作，迅速切除故障部分，从而防止人身触电。

TN 系统可因其 N 线和 PE 线的不同形式分为 TN-C 系统、TN-S 系统和 TN-C-S 系统，如图 4-20 所示。

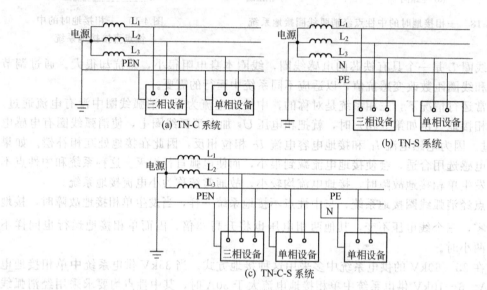

图 4-20　低压配电 TN 系统

（1）TN-C 系统

这种系统的 N 线和 PE 线合用一根导线——保护中性线（PEN 线），所有设备外露可导电部分（如金属外壳等）均与 PEN 线相连。当三相负荷不平衡或只有单相用电设备时，PEN 线上有电流通过。这种系统一般能够满足供电可靠性的要求，而且投资较省，节约有色金属，所以在中国低压配电系统中应用最为普遍。

（2）TN-S 系统

这种系统的 N 线和 PE 线是分开的，所有设备的外露可导电部分均与公共 PE 线相连。这种系统特点是公共 PE 线在正常情况下没有电流通过，因此不会对接在 PE 线上的其他用电设备产生电磁干扰。此外，由于其 N 线与 PE 线分开，因此其 N 线即使断线也并不影响接在 PE 线上用电设备防间接触电的安全。所以，这种系统多用于环境条件较差，对安全可靠性要求高及用电设备对电磁干扰要求较严的场所。

（3）TN-C-S 系统

这种系统前边为 TN-C 系统，后边为 TN-S 系统（或部分为 TN-S 系统）。它兼有 TN-C 系统和 TN-S 系统的优点，常用于供电系统末端环境条件较差且要求无电磁干扰的数据处理或具有精密检测装置等设备的场所。

4.3.2 过电压与防雷

供电系统正常运行时，因为某种原因导致电压升高而危及到电气设备绝缘，这种超过正常状态的电压升高称为过电压。过电压的出现对供电系统的正常运行造成了较大的危害，因此必须了解过电压并对其进行有效的防护，以保证供电系统的正常运行。

在供电系统中，过电压可分为内部过电压和大气过电压两大类。

（1）内部过电压

由于供电系统内部因素而引起的过电压，称为内部过电压。

内部过电压可分为操作过电压和谐振过电压，其能量均来自电网。

① 操作过电压　是指当断路器断开电流，或是当系统发生故障时，供电系统内出现电磁能量转换从而引起的瞬间高电压。

② 谐振过电压　是指当操作或系统发生故障时，供电系统中的电路参数（R、C、L）组合发生变化，使一部分线路产生了振荡，从而产生了瞬间高电压。

（2）大气过电压

大气过电压又称为雷电过电压或外部过电压，它是由于供电系统内部的设备或建筑物遭受雷击或雷电感应而产生的过电压。其能量来自供电系统的外部。

大气过电压常见的形式是直击雷过电压和感应雷过电压。

大气过电压所形成的雷电冲击极大，其电流幅值可达几百千安，电压幅值可高达一亿多伏，远高于供电系统的正常值，因此对供电系统危害极大。

① 直击雷过电压　是指雷电直接对建筑物或其他物体放电入地，同时产生危害极大的热破坏作用和机械力破坏作用。

② 感应雷过电压　是指雷电对设备、线路的静电感应或电磁感应所引起的过电压。例如雷云出现在架空线上方时，输电线由于静电感应而聚集了大量的异性束缚电荷，雷云对地面放电后，这些异性被束缚电荷瞬间释放从而感应出高电压，形成了感应雷过电压。

感应过电压的数值很大，在高压线路上可达几十万伏，在低压线路上也有几万伏，它对供电系统的威胁比较大。

如果感应过电压沿供电线路侵入变配电所，会导致电气设备绝缘击穿或烧毁。这种感应过电压沿线路侵入变配电所的现象又被称为雷电波侵入。

4.3.3　雷电的危害

雷电形成伴随着巨大的电流和极高的电压，在它的放电过程中会产生极大的破坏力，雷电的危害主要是以下几方面。

（1）雷电的热效应

雷电强大的热能使金属熔化，烧断线路，摧毁用电设备，甚至引起火灾和爆炸。

（2）雷电的机械效应

雷电强大的电动力可以击毁杆塔，破坏建筑物，人畜亦不能幸免。

（3）雷电的闪络放电

雷电中的超高压会引起绝缘子烧坏，断路器跳闸，导致供电线路停电。

4.3.4　防雷设备

雷电所形成的高电压和大电流对供电系统的正常运行和人民的生命财产造成了极大的威胁，应采取措施来防止雷击，其中避雷针和避雷器就是防雷击的措施之一。

4.3.4.1　避雷针

（1）避雷针的结构和原理

① 结构 避雷针由接闪器、接地引下线和接地体三部分组成。接闪器即针尖，用镀锌圆钢制成，头部成尖形。避雷针引下线用扁钢制成，与金属接地体焊接，形成可靠连接。避雷针通常安装在构架、支柱或建筑物上，接地体埋于地下。

② 作用 保护地面上突出的建筑物。

③ 原理 当雷电先导临近地面时，高于被保护物避雷针能使雷电场发生畸变，改变雷电先导的通道方向，将之引向避雷针的本身。一旦雷电对避雷针放电，强大的雷电流就经避雷针、引下线、接地体泄放进大地，避免了被保护物遭受雷击。从这个意义上说，避雷针实质上是"引雷针"而不是"避雷针"。

(2) 单支避雷针的保护范围

避雷针的下方有一个免遭雷击安全区域，称为避雷针的保护范围。

单支避雷针的保护范围如图 4-21，其在某平面上的保护半径 r_x 由下式确定。

$$r_x = \sqrt{h(2h_r-h)} - \sqrt{h_x(2h_r-h_x)} \qquad (4-15)$$

式中 r_x——避雷针在某平面上的保护半径；

  h_x——被保护物的高度；

  h——避雷针的高度；

  h_r——滚球半径，第一类防雷建筑 $h_r=30\mathrm{m}$，第二类防雷建筑 $h_r=45\mathrm{m}$，第三类防雷建筑 $h_r=60\mathrm{m}$。

【例 4-3】 某厂有一座第二类防雷建筑物（图 4-22），高 10m，其屋顶最远一角距离高50m 的烟囱为 15m 远，烟囱上装有一根 2.5m 高的避雷针，$h_r=45\mathrm{m}$。试验算此避雷针能否保护这座建筑物。

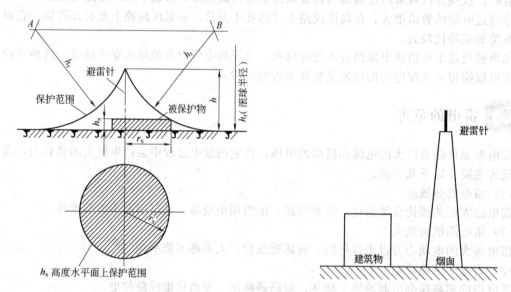

图 4-21 单支避雷针的保护范围

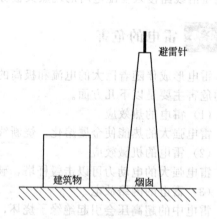

图 4-22 例 4-3 图

解： 根据题意，已知 $h=50+2.5=52.5\mathrm{m}$，$h_x=10\mathrm{m}$，$h_r=45\mathrm{m}$（第二类防雷建筑物），所以在 r_x 水平面上避雷针的保护半径为

$$\begin{aligned}
r_x &= \sqrt{h(2h_r-h)} - \sqrt{h_x(2h_r-h_x)} \\
&= \sqrt{52.5\times(2\times45-52.5)} - \sqrt{10\times(2\times45-10)} = 16.1\mathrm{m} > 15\mathrm{m}
\end{aligned}$$

能保护该建筑物。

（3）避雷线

① 作用　避雷线主要用于保护架空线路，因此又称为架空地线。其原理及作用与避雷针基本相同。

② 安装　避雷线一般架设在架空线路的上方，分单根和双根两种。用引下线与接地装置连接以保护架空线路免受直接雷击。避雷线的材料为直径 35mm² 的镀锌钢线。

4.3.4.2　避雷器

（1）保护原理

由前所述，当雷电所产生的感应过电压沿架空线路侵入变配电所或其他建筑物内时，将给电气设备绝缘造成较大危害。因此，假如在电气设备的电源进线端并联一种保护设备，如图 4-23 所示，令其放电电压低于被保护设备的绝缘耐压值，当过电压来临，该保护设备立即对地放电，从而使被保护设备的绝缘不受破坏。一旦过电压消失，保护设备又恢复到原始状态，这种过电压保护设备即为避雷器。

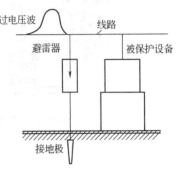

图 4-23　避雷器示意图

（2）常用避雷器

工厂最常用的避雷器为阀式避雷器。阀式避雷器主要分为普通阀式避雷器和磁吹阀式避雷器两大类。

普通阀式避雷器有 FS 和 FZ 两种系列；磁吹阀式避雷器有 FCD 和 FCZ 两种系列。

阀式避雷器主要由平板火花间隙与碳化硅电阻片（阀片）串联而成，装在密封的瓷管内，如图 4-24（a）、（b）所示，外壳有接线螺栓供安装用。

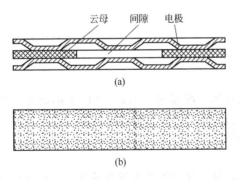

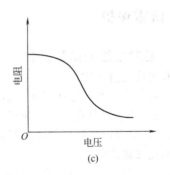

图 4-24　阀式避雷器的组成及特性

阀式避雷器中的碳化硅电阻具有非线性特性，在正常的电压时，其电阻值很大；过电压时，其电阻值随之变小，如图 4-24（c）所示。

阀式避雷器在正常的工频电压作用下，火花间隙不被击穿，但在雷电波过电压下，避雷器火花间隙被击穿；碳化硅的电阻值随之变得很小，雷电波巨大的雷电流顺利地流入大地中；而电阻阀片对尾随雷电流而来的工频电压却呈现了很大的电阻，因此工频电流被火花间隙阻断，被保护设备恢复正常运行。

由此可见，电阻阀片和火花间隙的绝好配合，使得避雷器很像一个阀门，对雷电流阀门打开，对工频电流阀门则关闭，故称之为阀式避雷器。

FS 系列的阀式避雷器的结构如图 4-25 所示。此系列避雷器阀片直径较小，通流容量较低，一般用作保护变配电设备和供电线路。

FZ 系列阀式避雷器如图 4-26 所示，此系列避雷器阀片直径较大，且火花间隙并联了具有非线性的碳化硅电阻，通流容量较大，一般用于保护 35kV 及以上的总降压变电所的电气设备。

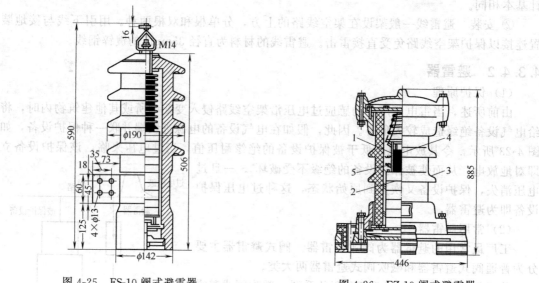

图 4-25　FS-10 阀式避雷器

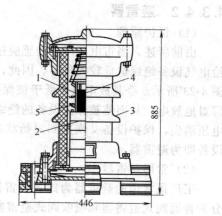

图 4-26　FZ-10 阀式避雷器
1—火花间隙；2—阀片；3—瓷套；
4—云母片；5—分路电阻

FCD 型磁吹阀式避雷器内部附有磁吹装置来加速火花间隙中电弧的熄灭，专门用来保护重要的或绝缘较为薄弱的设备，如高压电动机等。

4.3.5　防雷保护

4.3.5.1　架空线路的防雷保护

（1）避雷线防直击雷

避雷线的装设一般按电压等级和其他具体情况而定。63kV 及以上的架空线需全线装设避雷线；35kV 架空线只在人口稠密区或进出变电所的一段线路（如安装 1～2km 长）上装设避雷线；10kV 及以下的一般不装设避雷线。

（2）加强线路绝缘

为防止雷击时发生闪络（轻微放电）现象，如避雷线对导线的放电、引下线对导线的放电，应采取相应措施。例如，改善避雷针（线）的接地；加强线路绝缘；在线路绝缘薄弱处装设避雷器；采用高电压等级的绝缘子等。

（3）采用自动重合闸装置

当架空线遭雷击而跳闸时，为迅速地恢复供电，应尽量采用自动重合闸装置。

（4）低压架空线路的保护

为防止雷电波沿低压架空线路侵入建筑物，一般应将进户线电杆上的绝缘瓷瓶的铁脚接地，同时在入户进出处安装避雷器并可靠接地。在多雷区，直接与低压架空线路相连的电度表宜装设避雷器进行保护。

4.3.5.2　变电所的防雷保护

工厂变电所的防雷保护主要有两个方面，一是要防止变电所建筑物和户外配电装置遭受直击雷；二是防止过电压雷电波沿进线侵入变电所，危及变电所电气设备的安全。变电所的防雷保护常采用以下措施。

（1）防直击雷

一般采用装设避雷针来防直击雷。如果变电所位于附近的高大建筑上的避雷针保护范围内，或者变电所本身是在室内的，则不必考虑直击雷的防护。

（2）防雷电波侵入

① 对 35～63kV 进线，采用沿进线 500～600m 的这一段距离安装避雷线并可靠的接地，同时在进线处安装避雷器即可满足要求。

② 对 6～10kV 进线可以不装避雷线，只在线路上装设 FZ 型或 FS 型阀型避雷器即可，如图 4-27 所示的 F_1 和 F_2，接在母线上的避雷器 F_3 用来保护变压器 T 不受雷电波危害。在安装时，其接地线应与变压器低压侧接地的中性点及金属外壳在一起接地，如图 4-28 所示。

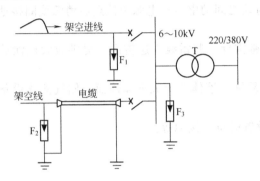

图 4-27　6～10kV 防雷电波侵入接线示意图

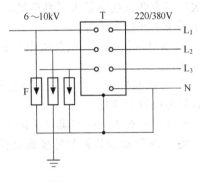

图 4-28　变压器的防雷保护

③ 当变压器低压侧中性点不接地时，为防止雷电波沿低压线侵入，还应在低压侧的中性点装设阀式避雷器。

（3）高压电动机的防雷保护

高压电动机的绕组由于条件的限制，只能靠固体介质来绝缘，其绝缘水平比变压器低。对高压电动机一般采用如下的防雷措施。

① 对定子绕组中性点能引出的大功率高压电动机，在中性点加装磁吹阀式避雷器（FCD 型）。

② 对中性点不能引出的电动机，采用 FCD 磁吹阀式避雷器与电容 C 并联的方法来保护，三相电容器接成星形，并将其中性点直接接地。

（4）建筑物的防雷保护

建筑物按其防雷要求，可采取如下防雷措施。

① 第一类建筑物　凡存放爆炸物品，或在正常情况下能形成爆炸性混合物，因电火花而爆炸，致使屋毁人亡的建筑物，称为第一类建筑物。

这类建筑物应装设独立避雷针防止直击雷。为防感应过电压和雷电波侵入，对非金属屋面应敷设避雷网并可靠接地，室内的一切金属设备和管道，均应良好接地并不得有开口环形，电源进线处也应装设避雷器并可靠接地。

② 第二类建筑物　条件同第一类，但电火花不易引起爆炸或不至于造成巨大破坏和人身伤亡。这类建筑物的防雷措施基本与第一类相同，也就是要有防直击雷、感应雷和雷电波入侵的保护措施。

③ 第三类建筑物　凡不属第一、二类建筑物又需要作防雷保护的建筑。这类建筑物应有防直击雷和防雷电波侵入的措施。

4.3.6 电气设备的接地

电气设备的某金属部分与大地之间作良好的电气连接，称为接地。

（1）接地的类型

按接地的功能分为工作接地、保护接地、雷电保护接地、静电接地等四种方式。

① 保护接地　将电气设备及配电装置的金属外壳、金属构架、金属塔杆等正常情况下不带电，但可能因绝缘损坏而带电的所有部分接地。因为这种接地的目的是保护人身安全，故称为保护接地或安全接地。

② 工作接地　为了保证电气设备在正常的情况下可靠地工作而进行的接地。如变压器、发电机的中性点直接接地，能在运行中维持三相系统中相线对地电压不变；又如电压互感器一次线圈中性点接地是为了测量供电系统相与地之间的电压；电源中性点经消弧线圈接地能防止系统出现过电压等。

③ 雷电保护接地　给防雷电保护装置（避雷针、避雷线、避雷网）提供向大地泄放雷电流通道。

④ 防静电接地　为了防止静电导致易燃易爆气液体造成火灾爆炸而对储气液体设备管道容器等设置的接地。

此外，还有为进一步确保接地可靠性而设置的重复接地等。

图 4-29 所示为几种常见接地示意图。

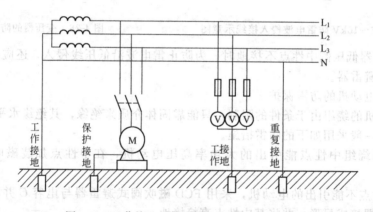

图 4-29　工作接地、保护接地、重复接地示意图

（2）接地装置

① 接地体　埋入大地与土壤直接接触的金属物体，称为接地体或接地极。

② 接地线　连接接地体及设备接地部分的导线，称为接地线。

③ 接地装置　接地线与接地体总称为接地装置。

④ 接地网　由若干接地体在大地中互相连接而组成的总体，称为接地网。

人们通常将电位为零的点称为电气上的"地"。电气设备接地部分与"地"之间的电位差称为电气设备接地部分的对地电压。

（3）接地保护

在发生触电事故时，除直接接触带电体触电外，还有接触电压触电与跨步电压触电的间接触电形式，如图 4-30。

① 接触电压与跨步电压　电气设备发生接地时，人站在地面上，手触及到设备带电外

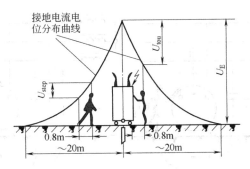

图 4-30　接触电压与跨步电压示意图

壳的某一点，此时手与人脚所站地面上的那一点之间所呈现的电位差称为接触电压 U_{tou}。由接触电压引起的触电称为接触电压触电。

人在接地点周围行走，两脚之间的电位差，称为跨步电压 U_{step}。由跨步电压引起的触电称为跨步电压触电。

② 接地保护的形式　接地保护是防止间接触电的安全措施，通常有以下两种形式。

一种将设备金属外壳通过各自的接地体与大地紧密相接，即"保护接地"；另一种将设备金属外壳通过公共的 PE 线（保护线）或 PEN 线（保护中性线）接地，即"保护接零"。

对于"保护接地"中的三相四线制系统，供电系统电源中性点直接接地，也引出 N 线（中性线），设备外露可导电部分则经各自的 PE 线分别接地，如图 4-31 所示。

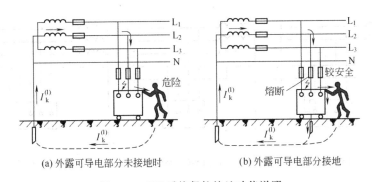

(a) 外露可导电部分未接地时　　　　(b) 外露可导电部分接地

图 4-31　TT 系统保护接地功能说明

如图 4-31(a) 所示，当设备外露部分未接地时，一旦电气设备漏电，其漏电流不足以使熔断器熔断（或过流保护装置动作），设备外壳将存在危险的相电压。若人体误触漏电外壳时，则流过人体的电流对人体是有危险的。

如图 4-31(b) 所示，当设备外露部分已接地，此时发生电气设备外壳漏电时，由于外壳接地电流 I_k 数值较大，足以使故障设备电路中的过电流保护装置动作，切断故障设备电源，从而减少人体触电的危险。即使过电流保护装置不动作，由于人体电阻（几千欧姆）远大于保护接地电阻（4Ω），因此通过人体的电流也很小，一般小于安全电流，对人体的危险也较小。

为保障人身安全，根据国际 IEC 标准，保护接地系统中应加装漏电保护器（漏电开关）。

对于"保护接地"中的三相三线制系统，电源中性点不接地或经阻抗接地，且不引出 N 线，而电气设备的导电外壳直接接地，如图 4-32 所示。

当无保护接地时，如果一相导体已经漏电即碰触设备外壳未被发现（此时三相设备仍可

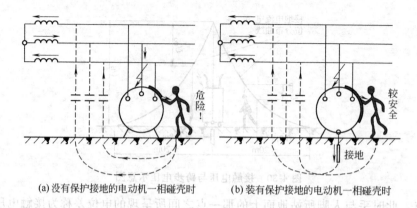

(a) 没有保护接地的电动机一相碰壳时　　(b) 装有保护接地的电动机一相碰壳时

图 4-32　保护接地的作用

继续正常运行），人体又误触及另一相正常导体，这时，人体所承受的电压将是线电压，如图 4-32（a）所示，增加了对人身的威胁。

当采用保护接地后，如发生电气设备单相接地故障，接地电流将通过人体和电网与大地之间的电容构成回路，如图 4-32（b）所示，流过人体的电流主要是电容电流。一般情况下，此电流很弱，对人身危害很小。

对于"保护接零"的三相四线制系统，电源中性点直接接地，并引出 N（中性）线（或 PE 线），它属于 TN 系统，如图 4-33 所示。

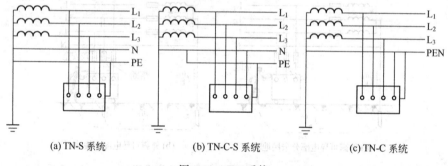

(a) TN-S 系统　　　　　(b) TN-C-S 系统　　　　　(c) TN-C 系统

图 4-33　TN 系统

当设备带电部分与外壳短路时，短路电流经外壳和 N 线（或 PE 线）而形成单相短路，可使保护装置快速动作，将故障部分与电源断开，消除触电危险。

（4）重复接地

在中性点直接接地的 TN 系统中，为确保公共 PE 线或 PEN 线安全可靠，除在中性点进行工作接地外，还必须在 PE 线或 PEN 线的一些地方进行多次接地，即重复接地。

当未进行重复接地时，在 PE 线或 PEN 线发生断线并有一相与电气设备外壳相连时，接在断线后面的所有电气设备外壳上，都存在着近乎于相电压的对地电压，如图 4-34（a）所示，这是很危险的。

当实施了重复接地，如图 4-34（b）所示，断线后面的 PE 线对地电压 $I_E R_E$ 仅为相电压的一半，危险性大为降低。但是此电压对人体而言仍然是不安全的，因此，在施工安装和系统运行中，应尽量避免 PE 线或 PEN 线的断线故障。

值得指出的是，在同一个保护系统中，不允许一部分电气设备采用"保护接零"，而将另一部分电气设备采用"保护接地"方式，否则所有采用 PEN 线保护的设备外壳均带有 1/2

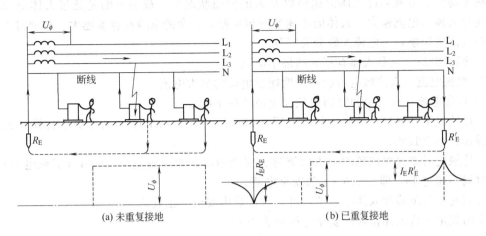

图 4-34 重复接地示意图

相电压，将严重威胁人身安全。

4.3.7 电气安全

在生产和生活中，人们时常与电打交道，如果不注意安全，可能造成人身触电伤亡或电器设备损坏事故。

4.3.7.1 人体触电事故类型

当人体接触带电体或人体与带电体之间产生闪络放电，并有一定电流通过人体，导致人体伤亡现象，称之为触电。

触电可分为直接触电和间接触电。前者是人体不慎接触带电体或是过分靠近高压设备，后者是人体触及到因绝缘损坏而带电的设备外壳或与之相连接的金属构架。

从电流对人体的伤害程度，又可分为电击和电伤。电击主要是电流对人体内部的生理作用，表现在人体的肌肉痉挛、呼吸中枢麻痹、心室颤动、呼吸停止等；电伤主要是电流对人体外部的物理作用，常见的形式有电灼伤、电烙印，以及皮肤渗入熔化的金属等。

4.3.7.2 人体触电事故原因

（1）违反安全工作规程

① 在全部停电和部分停电的电气设备上工作，未采取相应措施，导致误触带电部分。

② 错误操作（带负荷分、合隔离开关等）。

③ 操作方法及使用工具不正确等。

（2）运行维护工作不及时

① 架空线路断线导致误触电。

② 电气设备绝缘破损使带电体接触外壳或铁芯，导致误触电。

③ 接地装置的接地线不合标准或接地电阻太大等导致误触电。

（3）设备安装不符合要求

主要表现在不遵守国家电力规程有关规定，进行室内外配电装置的安装，野蛮施工，偷工减料，采用假冒伪劣产品等，这些均是造成事故的原因。

4.3.7.3 电流强度对人体的危害程度

触电对人体的危害程度与诸多因素有关，如通过人体的电流强度、持续时间、电压高低、频率高低、电流通过人体的途径以及人的健康状况等。最主要的是通过人体电流的大小。通过人体的电流越大，人体的生理反应越明显，致命的危险性也就越大。按通过人体的电流对人体的影响，将电流大致分为三种。

① 感觉电流　它是人体有感觉的最小电流。

② 摆脱电流　人体触电后能自主地摆脱电源的最大电流。

③ 致命电流　在较短的时间内危及生命的最小电流。

一般情况下，通过人体的工频电流超过 50mA（如 100mA 时），心脏就会停跳，人开始发生昏迷，甚至致死。

人体触电时能自主摆脱的最大电流称为安全电流。中国规定为 30mA（工频电流），且通过时间不超过 1s，即 30mA·s 为安全电流。

按照安全电流值和人体电阻值，可大致计算出安全电压数值。

中国规定允许人体接触的安全电压如表 4-3。

表 4-3　安全电压

安全电压（交流有效值）/V	选用举例
65	干燥无粉尘地面环境
42	在有触电危险场所使用手提电动工具
36	矿井有多导电粉尘时使用行灯等
12	对于特别潮湿或有蒸气游离物等及其危险的环境
6	

4.3.7.4　触电救护

因某种原因发生人员触电事故时，对触电人员的现场急救是抢救过程的一个关键。如果能够正确且及时处理，就能够争取时间，挽救人的生命；反之则可能带来不可弥补的后果。因此，从事电气工作的人员必须熟悉和掌握触电急救技术。

（1）脱离电源

① 如果电源开关就在附近，迅速切断电源。

② 如果电源开关不在附近，可用电工钳、干燥木柄的斧头、铁锹等利器切断电源线。

③ 如果导线搭落在触电者的身上或压在身下时，可用干燥的木棒、竹竿挑开导线，使其脱离电源。

④ 触电者的衣服如果是干燥的且无紧缠在身上，救护者可以抓住其衣服，使触电者脱离电源，此时救护人最好脚踏干燥的木板等绝缘物，单手操作为宜。

⑤ 如果是高压触电，最好通知有关部门断电或设法投掷裸导线，使线路短路从而切断电源，此时不要盲目地去救人。

（2）急救处理

触电者脱离电源后，应立即移至干燥通风的场所，通知医务人员到现场并作好送往医院的准备工作，同时根据不同的症状进行现场急救。

① 如果触电者所受伤害不太严重，只是有些心悸、四肢发麻、全身无力，一度昏迷但未失去知觉，此时应使触电者静卧休息，不要走动，严密观察，以等医生到来或送往医院。

② 如果触电者出现呼吸困难或心脏跳动不正常，应迅速的进行人工呼吸。若心脏停止跳动，应立即进行人工呼吸和胸外心脏挤压。如现场只有一个人，可以将人工呼吸和胸外心脏挤压交替进行（挤压心脏 1~2 次，吹气 2~3 次）。现场救护要不停地进行，不能中断，如需要时通知"120"急救中心协助救护。

小　结

　　继电保护装置的主要任务是工作于断路器，自动地、迅速地、有选择地将故障元件从供电系统中切除；能正确地反映电气设备的不正常运行状态，并根据要求，发出预告信号；与供电系统自动装置配合，缩短事故停电时间，提高运行可靠性。

　　工厂常用的继电器有电流继电器、电压继电器、时间继电器、信号继电器、中间继电器和瓦斯（气体）继电器等。

　　工厂供电线路的继电保护分为带时限过电流保护、电流速断保护、中性点不接地系统单相接地保护等。

　　工厂继电保护装置的接线方式分为三相三继电器式、两相两继电器式和两相一继电器式，可根据不同要求进行选择。

　　变压器的继电保护是根据变压器容量和重要程度确定的。变压器的故障分为内部故障和外部故障两种。变压器的保护一般有瓦斯（气体）保护、电流速断保护、过电流保护、过负荷保护和低压侧单相短路保护等。

　　工厂变电所为防止雷电过电压，应装设避雷装置加以保护，在架空线上装设避雷线，在构筑物上装设避雷针，在变电所高低压侧装设阀型避雷器。

　　电气设备的接地可分为工作接地、保护接地、静电接地、防雷接地、重复接地等五种类型。电气设备的接地装置必须符合国家规定。

　　电气安全包括供电系统安全、用电设备安全和人身安全等三个方面。保证安全用电必须采用相应的安全措施。

　　电气工作人员应掌握必要的触电急救技术，一旦发生人身触电事故，便于现场急救。

习题 4

4-1　试述继电保护的主要任务。试述工厂常用继电器的类型。

4-2　过电流保护中电流互感器的接线方式有哪几种？各自的接线系数 K_w 如何取值？

4-3　分别说明定时限和反时限过电流保护的优点和缺点？

4-4　带时限过电流保护中，保护装置的动作电流是按什么原则整定的？为什么要采用电流速断保护装置？

4-5　变压器常见的故障和异常工作状态有哪些？相应地设置哪些保护？

4-6　试述变压器瓦斯保护的工作原理。说明轻瓦斯和重瓦斯保护的区别。

4-7　什么叫过电压？什么叫内部过电压和雷电过电压？

4-8　什么叫直接雷击和感应雷击？什么叫雷电波侵入？

4-9　为什么说避雷针实际上是引雷针？

4-10　一般工厂 $6\sim10\mathrm{kV}$ 的架空线有哪些防雷措施？

4-11　一般工厂变电所应采用哪些防雷措施？

4-12　建筑物按防雷分几类？各类防雷建筑物应有哪些防雷措施？

4-13　在正常环境条件下，安全电流、安全电压各为多少？

4-14　什么叫工作接地？什么叫保护接地？习惯上所称的保护接零指的是什么？

4-15　为什么在 TN 系统中要同时实施重复接地？

4-16　发现有人触电，如何急救处理？

4-17　某石油化工厂的柴油储存罐（属第一类防雷建筑物）为圆柱形，直径为 5m，高出地面 6m，拟定由单根避雷针作为其防雷保护，要求避雷针离油罐 5m，试计算避雷针的高度不应低于多少？

4-18　图 4-35 所示的无限大容量供电系统中，6kV 线路 L-2 上的最大负荷电流为 130A，电流互感器 TA 的变比是 150/5。K-1、K-2 点三相最小短路电流分别为：400A、600A。线路 L-1 上设置的定时限过电流保护装置 1 的动作时限为 1s。拟在线路 L-2 上设置定时限过电流保护装置 2，试进行过电流保护整定计算。

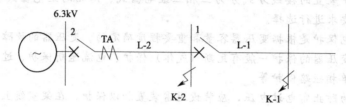

图 4-35　无限大容量供电系统示意图

4-19　图 4-34 所示供电系统中，已知线路 L-2 的最大负荷电流为 280A，K-1、K-2 点短路电流分别为 $I_{K-1 \cdot max}^{(3)} = 960A$，$I_{K-1 \cdot min}^{(3)} = 800A$，$I_{K-2 \cdot min}^{(3)} = 1300A$，$I_{K-2 \cdot min}^{(3)} = 1000A$。拟在线路 L-2 的始端装设反时限过电流保护装置 2，电流互感器的变比是 400/5，反时限过电流保护装置 1 在线路 L-1 首端短路时动作时限为 0.6s，试进行反时限过电流保护整定计算。

4-20　某小型工厂 10/0.4kV、640kV·A 配电变压器的高压侧，拟装设由 GL-15 型电流继电器组成的两相一继电器式的反时限过电流保护。已知变压器高压侧 $I_{K-1}^{(3)} = 1.7kA$，低压侧 $I_{K-2}^{(3)} = 13kA$；高压侧电流互感器变比为 200/5。试整定反时限过电流保护的动作电流及动作时限，并校验灵敏度（变压器最大负荷电流建议取为变压器额定一次电流的 2 倍）。

实验 4　定时限过电流保护实验

4.1　实验目的

① 了解 DL、DS、DX 和 DZ 型电磁式继电器的结构、接线、动作原理及其使用方法。

② 学会组成定时限过电流保护，了解其工作原理。

③ 掌握定时限过电流保护的整定原则和方法。

4.2　实验设备

- 电流继电器 DL-11 2 只。
- 时间继电器 DS-111 2 只。
- 信号继电器 DX-11 2 只。
- 中间继电器 DZ-11 2 只。
- 交流电流表 1 只。
- 单相调压器 1 台。

- 滑线变阻器 2 只。
- 灯泡 220V、15～40W 2 只。
- 直流操作电源（直流电压与继电器配套）1 套。

4.3　实验电路

原理电路图，如实验图 5 所示。

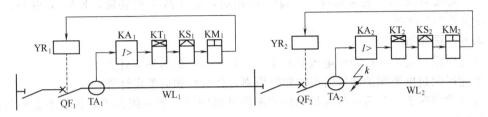

实验图 5　两级定时限过电流保护原理电路

模拟实验电路，如实验图 6 所示。

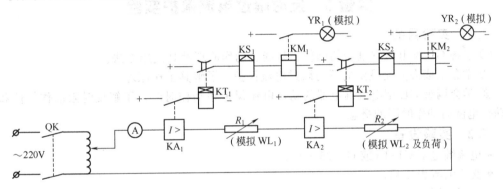

实验图 6　两级定时限过电流保护模拟实验电路

4.4　实验步骤

① 按实验图 4 接好实验线路，将交流调压器的输出电压调至零，将模拟线路 WL$_1$ 阻抗的电阻 R_1 调至较小值，将模拟线路 WL$_2$ 阻抗的电阻 R_2 调至较大值。

② 合电源开关 QK，接通直流操作电源。调节调压器电压，使通过电流表的电流为 1～2A 左右，并将该电流设定为通过继电器 KA$_1$ 和 KA$_2$ 的最大负荷电流

$$I'_{L \cdot max} = \frac{K_W}{K_{TA}} I_{L \cdot max}$$

然后断开 QK。

③ 整定计算 KA$_1$ 和 KA$_2$ 的动作电流。

$$I_{op} = \frac{K_W K_{co}}{K_{re} K_{TA}} I_{L \cdot max} = \frac{K_{co}}{K_{re}} I'_{L \cdot max}$$

式中　K_{co}——可靠系数，取 1.2；

　　　K_{re}——继电器返回系数，取 0.8。

因此，动作电流应为

$$I_{op} = 1.5 I'_{L \cdot max}$$

④ 整定 KT$_1$ 和 KT$_2$ 的动作时间 t_1 和 t_2。

由实验图 5 的原理电路图可知，线路 WL$_1$ 靠近电源，线路 WL$_2$ 是 WL$_1$ 的下一级线路。因此，按照进行继电保护整定的阶梯原则，KT$_1$ 的动作时间 t_1 应比 KT$_2$ 的动作时间 t_2 延长

0.5s，即

$$t_1 = t_2 + 0.5s \text{ 或 } t_2 = t_1 - 0.5s$$

⑤ 再合 QK，观察前后两级保护装置的动作情况。

KA$_1$ 和 KA$_2$ 应同时启动，但 YR$_2$（模拟后一级线路短路器 QF$_2$）灯泡应先点亮，表示 QF$_2$ 应首先跳闸，而 YR$_1$（模拟前一级线路短路器 QF$_1$）灯泡应后点亮，表示 QF$_2$ 不跳闸时，QF$_1$ 紧接着跳闸。正常情况下，QF$_2$ 跳闸后，短路故障被切除，KA$_1$ 应返回，因此 QF$_1$ 不会紧接着跳闸。

4.5 思考题

① 定时限过电流保护动作电流的整定原则是什么？如何整定计算？

② 定时限过电流保护动作时间的整定原则是什么？如何整定计算？

③ 正常情况下，在后一级保护动作使断路器跳闸后，前一级保护动作会不会使断路器紧接着跳闸？

实验5　反时限过电流保护实验

5.1 实验目的

① 了解 GL 型电流继电器的结构、接线、动作原理及其使用方法。

② 学会组成去分流跳闸的反时限过电流保护，了解其工作原理。

③ 学会调整 GL 型电流继电器的动作电流保护和动作时限，了解反时限动作特性和 10 倍动作电流的动作时限的概念。

5.2 实验设备

● 电流继电器 GL-15 或 GL-25 1 只。

● 交流电流表 1 只。

● 单相调压器 1 台。

● 滑线变阻器 1 只。

● 电气秒表 1 只。

● 灯泡 220V、15～40W 1 只。

5.3 实验电路

(1) 去分流跳闸的反时限过电流保护

原理电路图，如实验图 7 所示。

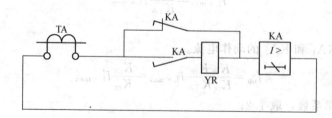

实验图 7　去分流跳闸的反时限过电流保护原理电路

模拟实验电路，如实验图 8 所示。

(2) GL 型电流继电器反时限动作特性曲线的测绘

按实验图 9 所示接成实验电路。实验前，将继电器的常闭触点用绝缘纸隔开，只保留其常开触点。

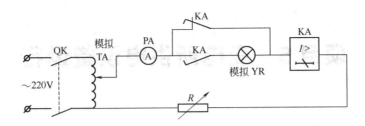

实验图8 去分流跳闸的反时限过电流保护模拟实验电路

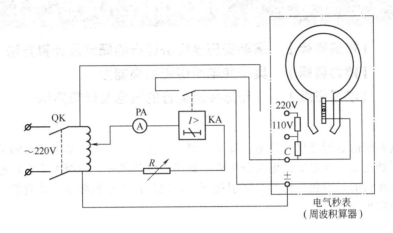

实验图9 测绘 GL 型电流继电器反时限动作特性曲线的实验电路

5.4 实验步骤

（1）去分流跳闸的反时限过电流保护实验

① 了解 GL 型电流继电器的结构、接线，仔细观察继电器先合后断转换触点的结构和先合后断的动作程序。然后按实验图6接好线路，调压器输出电压调至零。

② 整定继电器的动作电流和动作时间。

③ 调小可变电阻 R，即假定一次电路发生短路。合 QK，调节调压器输出电压，使继电器动作，观察交流操作去分流跳闸的情况，模拟跳闸线圈 YR 的灯泡会闪光。

（2）GL 型电流继电器反时限动作特性曲线测绘实验

① 按实验图8接好线路，调压器输出电压调至零。

② 整定动作电流和10倍动作电流的动作时间。

③ 合 QK，调节调压器输出电压，使通过继电器的电流依次为1.5倍、2倍、3倍……通过电气秒表测出其动作时间［注：每次调定电流后，断开 QK，将电气秒表复位至零，然后再合 QK，记下电流和动作时间（周波数乘0.02s）］。

④ 绘制某一整定电流和整定时间下的动作特性曲线。

5.5 思考题

① 作去分流跳闸实验时，为什么在继电器动作后，模拟跳闸线圈的灯泡发生闪光现象？如果是实际的跳闸线圈，在继电器动作后，跳闸线圈会不会也出现跳动现象？

② GL 型继电器的动作电流和动作时间各调整继电器什么部位？10倍动作电流的动作时限是什么含义？

③ GL 型继电器的速断电流调整继电器什么部位？速断电流倍数是什么含义？

项目5　变电所供电设备运行

任务5.1　变压器的经济运行

【知识目标】　掌握变压器经济运行的概念及计算方法
【能力目标】　具有变电所值班顶岗能力
【学习重点】　变压器经济运行的概念及计算方法

工厂供电系统的运行是保证供电"安全、可靠、优质、经济"基本要求的重要问题。

电力变压器是工厂变电所供电设备中效率最高的设备之一。然而由于它是电源设备，通常是长期连续运行的，因此虽然其功率损耗较小，但是长年累积起来，其电能损耗也十分可观，所以很值得重视。

5.1.1　经济运行的有关概念

经济运行是指能使整个供电系统的有功损耗最小，且能获得最佳经济效益的运行方式。

供电系统的有功损耗不仅与设备的有功损耗有关，而且与设备的无功损耗有密切关系。这是因为设备消耗的无功功率也是供电系统供给的。由于无功功率的存在，使得系统中的电流增大，从而使供电系统中的有功损耗增加。

为了计算电气设备的无功损耗在供电系统中引起的有功损耗增加量，引入了一个换算系数——无功功率经济当量。无功功率经济当量是表示供电系统多发送 1kvar 的无功功率时，将在供电系统中增加有功功率损耗的千瓦数，其符号为 K_q，单位为 kW/kvar。

对于工厂变电所，$K_q = 0.02 \sim 0.1$，一般情况下，可取 $K_q = 0.1$。

5.1.2　一台变压器运行的经济负荷

电力变压器的经济运行与变压器的功率损耗有直接关系。

变压器的功率损耗包括有功损耗和无功损耗两部分，而无功损耗对供电系统来说也相当于按 K_q 换算的有功损耗，即变压器的有功损耗。

在考虑变压器运行的经济性时，将变压器本身的有功损耗加上变压器无功损耗所换算的等效有功损耗，统称为变压器的有功损耗换算值。

一台变压器在实际负荷为 S 时的有功损耗换算值 ΔP 为

$$\Delta P \approx \Delta P_0 + K_q \Delta Q_0 + (\Delta P_k + K_q \Delta Q_N)\left(\frac{S}{S_N}\right)^2 \tag{5-1}$$

式中　ΔP_0——变压器空载有功损耗；

ΔP_k——变压器短路有功损耗；

ΔQ_0——变压器空载无功损耗；

ΔQ_N——变压器额定负荷时无功损耗；

S_N——变压器额定容量；

S——变压器实际负荷。

变压器的空载有功损耗 ΔP_0 和短路有功损耗 ΔP_k 可由产品样本查得，也可由本书附表 3～附表 6 查得。

变压器的空载无功损耗 ΔQ_0 可近似地由式(5-2) 计算。

$$\Delta Q_0 \approx \frac{I_0\%}{100}S_\mathrm{N} \tag{5-2}$$

式中　$I_0\%$——变压器空载电流占额定电流的百分值，可查附表 3～附表 6。

变压器额定负荷时的无功损耗 ΔQ_N 可近似地由式(5-3) 计算。

$$\Delta Q_\mathrm{N} \approx \frac{U_\mathrm{k}\%}{100}S_\mathrm{N} \tag{5-3}$$

式中　$U_\mathrm{k}\%$——变压器短路电压（阻抗电压 U_z）占额定电压的百分值，可查附表 3～附表 6。

要使变压器经济运行，就必须找到变压器能够发挥最大效率的经济负荷。根据式(5-1)，令 $\mathrm{d}(\Delta P/S)/\mathrm{d}S=0$，可得变压器经济负荷为

$$S_\mathrm{ec(T)} = S_\mathrm{N}\sqrt{\frac{\Delta P_0 + K_\mathrm{q}\Delta Q_0}{\Delta P_\mathrm{k} + K_\mathrm{q}\Delta Q_\mathrm{N}}} \tag{5-4}$$

变压器经济负荷 $S_\mathrm{ec(T)}$ 与变压器额定容量 S_N 之比称为变压器的经济负荷率，用 $K_\mathrm{ec(T)}$ 表示，即

$$K_\mathrm{ce(T)} = \frac{S_\mathrm{ec(T)}}{S_\mathrm{N}} = \sqrt{\frac{\Delta P_0 + K_\mathrm{q}\Delta Q_0}{\Delta P_\mathrm{k} + K_\mathrm{q}\Delta Q_\mathrm{N}}} \tag{5-5}$$

一般老型号电力变压器经济负荷率在 $40\%\sim70\%$ 范围内，而且新型节能变压器的经济负荷率比老型号要低。

【例 5-1】 试计算 SL7-1000/10 型变压器的经济负荷及经济负荷率。

解： 查附表 3 得 SL7-1000/10 型变压器的有关数据如下。

$\Delta P_0 = 1.8\mathrm{kW}$，$\Delta P_\mathrm{k} = 11.6\mathrm{kW}$，$I_0\% = 1.4$，$U_\mathrm{k}\% = 4.5$。

由式(5-2) 得

$$\Delta Q_0 \approx \frac{I_0\%}{100}S_\mathrm{N} = \frac{1.4}{100} \times 1000 = 14\mathrm{kvar}$$

由式(5-3) 得

$$\Delta Q_\mathrm{N} \approx \frac{U_\mathrm{k}\%}{100}S_\mathrm{N} = \frac{4.5}{100} \times 1000 = 45\mathrm{kvar}$$

取 $K_\mathrm{q}=0.1$，由式(5-5) 可得该变压器的经济负荷率为

$$K_\mathrm{ec(T)} = \sqrt{\frac{\Delta P_0 + K_\mathrm{q}\Delta Q_0}{\Delta P_\mathrm{k} + K_\mathrm{q}\Delta Q_\mathrm{N}}} = \sqrt{\frac{1.8 + 0.1 \times 14}{11.6 + 0.1 \times 45}} = 0.446$$

变压器的经济负荷为

$$S_\mathrm{ec(T)} = K_\mathrm{ec(T)}S_\mathrm{N} = 0.446 \times 1000 = 446\mathrm{kV \cdot A}$$

5.1.3　两台变压器经济运行的临界负荷

设变电所有两台同型号同容量（S_N）变压器，变电所的总负荷为 S。一台变压器单独

运行时,它将承担总负荷 S;两台变压器并联运行时,每台承担负荷 $S/2$。

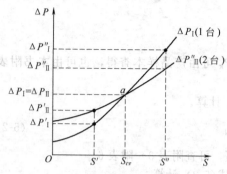

图 5-1　两台变压器经济运行的临界负荷

把两种运行方式下变压器有功损耗 ΔP 与容量 S 的函数关系绘成如图 5-1 所示两条曲线,这两条曲线相交于 a 点,a 点所对应的变压器负荷称为变压器经济运行的临界负荷,用 S_{cr} 表示。

由图 5-1 可知,$S'<S_{cr}<S''$,故:

① 当 $S=S'<S_{cr}$ 时,因 $\Delta P'_{I}<\Delta P'_{II}$,故宜一台单独运行;

② 当 $S=S''>S_{cr}$ 时,因 $\Delta P''_{I}>\Delta P''_{II}$,故宜选两台并联运行;

③ 当 $S=S_{cr}$ 时,而 $\Delta P'_{I}=\Delta P'_{II}$,由此可求出判别两台变压器经济运行的临界负荷为

$$S_{cr}=S_{N}\sqrt{2\frac{\Delta P_{0}+K_{q}\Delta Q_{0}}{\Delta P_{k}+K_{q}\Delta Q_{N}}} \qquad (5\text{-}6)$$

推论:n 台同型号同容量的变压器,判别 n 台与 $(n-1)$ 台经济运行临界负荷为

$$S_{cr}=S_{N}\sqrt{(n-1)n\frac{\Delta P_{0}+K_{q}\Delta Q_{0}}{\Delta P_{k}+K_{q}\Delta Q_{N}}} \qquad (5\text{-}7)$$

【例 5-2】　试计算两台 SL7-1000/10 型变压器经济运行的临界负荷值(取 $K_{q}=0.1$)。

解:利用【例 5-1】的变压器技术数据,代入式(5-6)即得判别两台变压器经济运行的临界负荷为

$$S_{cr}=1000\times\sqrt{2\times\frac{1.8+0.1\times14}{11.6+0.1\times45}}=630.49\text{kV}\cdot\text{A}$$

因此,如果实际负荷 $S<630.49\text{kV}\cdot\text{A}$,则宜一台变压器运行;如果 $S>630.49\text{kV}\cdot\text{A}$,则宜两台并联运行。

任务 5.2　变电所倒闸操作

【知识目标】　重点掌握变电所倒闸操作的程序和方法
【能力目标】　具有参与变电所倒闸操作的能力
【学习重点】　变电所倒闸操作的程序和方法

5.2.1　变电所的一般操作

变电所的一般操作主要是指倒闸操作。变电所的电气设备常因周期性检修、试验或处理事故等原因,需要通过操作断路器、隔离开关等电气设备,改变运行方式。通常称这种工作过程为倒闸操作。倒闸操作既重要又复杂,若发生误操作事故,可能会导致设备的损坏,危及人身安全及造成大面积停电,给国民经济带来巨大损失。

为防止误操作,必须采取相应的组织措施和技术措施加以保证,以确保变配电所的安全运行。

组织措施是指电气运行人员必须要树立高度的主人翁责任感和牢固的安全思想,认真执行操作票制度和监护制度等。

技术措施是采用在断路器和隔离开关之间装设机械或电气闭锁装置。闭锁装置的作用是使断路器在未断开前,该电路的隔离开关就断不开(以防止带负荷拉开隔离开关);在断路器接通后,该电路的隔离开关就合不上(以防止带负荷合上隔离开关)。此外,在线路隔离开关与接地开关之间也装有闭锁装置,使任一开关在合闸位置时,另一开关就无法操作,以避免在设备送电或运行时误合接地开关而造成三相接地短路事故;同时,避免设备检修时,误合线路隔离开关而突然送电,造成设备和人身事故等。

5.2.1.1 倒闸操作的原则和要求

为了确保供电系统运行安全,防止误操作,电气设备运行人员必须严格执行倒闸操作票制度和监护制度。

表 5-1 倒闸操作票格式   编号:001

操作开始时间:1998 年 6 月 2 日 8 时 30 分		操作终了时间:1998 年 6 月 2 日 8 时 50 分	
操作任务:WL_1 电源进线送电			
√	顺序	操作项目	
√	1	拆除线路端及接地端接地线;拆除标示牌	
√	2	检查 WL_1、WL_2 进线所有开关均在断开位置,合××$^{\#}$ 母联隔离开关	
√	3	依次合 No.102 隔离开关,No.101 1$^{\#}$、2$^{\#}$ 隔离开关,合 No.102 高压断路器	
√	4	合 No.103 隔离开关,合 No.110 隔离开关	
√	5	依次合 No.104～No.109 隔离开关;依次合 No.104～No.109 高压断路器	
√	6	合 No.201 刀开关;合 No.201 低压断路器	
√	7	检查低压母线电压是否正常	
√	8	合 No.202 刀开关;依次合 No.202～No.206 低压断路器或刀熔开关	
备注:			

操作人:××   监护人:×××   值班负责人:×××   值长:×××

倒闸操作票(表 5-1)应由操作人根据操作任务通知,按供电系统一次接线模拟图的运行方式正确填写,设备应使用双重名称,即设备名称和编号。

操作票应用钢笔或圆珠笔填写,票面应整洁,字迹应清楚,不得任意涂改。填写完毕后须经监护人核对无误后,分别签名,然后经值班负责人(工作许可人)审核签名。

倒闸操作前,应先在模拟接线图上预演,以防误操作。倒闸操作应根据安全工作规定,正确使用安全工具。倒闸操作必须由两人及两人以上执行,并应严格执行监护制度。全部操作完毕后进行复查。操作中发生疑问时,应立即停止操作,向值班负责人报告并弄清问题后再进行操作。

(1)倒闸操作的基本原则

断路器和隔离开关是进行倒闸操作的主要电气设备。因此,在倒闸操作时,应遵循下列基本原则。

① 在拉、合闸时,必须用断路器接通或断开负荷电流或短路电流,绝对禁止用隔离开关切断负荷电流或短路电流。

② 在合闸时,应先从电源侧进行,依次到负荷侧。如图 5-2 所示,在检查断路器 QF 确在断开位置后,先合上母线(电源)侧隔离开关 QS_1,再合上线路(负荷)侧隔离开关 QS_2,最后合上断路器 QF。

这是因为在线路 WL_1 合闸送电时,有可能断路器 QF 在合闸位置而未查出,若先合线

路侧隔离开关 QS_2，后合母线侧隔离开关 QS_1，则造成带负荷合隔离开关，可能引起母线短路事故，影响其他设备的安全运行。如先合 QS_1，后合 QS_2，虽是同样带负荷合隔离开关，但由于线路断路器 QF 的继电保护动作，使其自动跳闸，断开故障点，不致影响其他设备的安全运行。同时，线路侧隔离开关检修较简单，且只需停一条线路，而检修母线侧隔离开关时必须停用母线，影响面扩大。

对两侧均装有断路器的双绕组变压器，在送电时，当电源侧隔离开关和负荷侧隔离开关均合上后，应先合上电源侧断路器 QF_1 或 QF_3，后合负荷侧断路器 QF_2 或 QF_4，如图 5-3 所示。T_1 及 T_2 两台变压器中，变压器 T_2 在运行，若将变压器 T_1 投入并列运行，而 T_1 负荷侧恰好存在短路点 k 未被发现，这时若先合负荷侧断路器 QF_2 时，则变压器 T_2 可能被跳闸，造成大面积停电事故；而若先合电源侧断路器 QF_1，则因继电保护动作而自动跳闸，立即切除故障点，不会影响其他设备的安全运行。

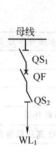

图 5-2　倒闸操作图示之一

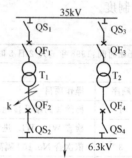

图 5-3　倒闸操作图示之二

③ 在拉闸时，应先从负荷侧进行，依次到电源侧。图 5-3 所示的供电线路进行停电操作时，应断开断路器 QF，检查其确在断开位置后，先拉负荷侧隔离开关 QS_2，后拉电源侧隔离开关 QS_1，此时若断路器 QF 在合闸位置未检查出来，造成带负荷拉隔离开关，则使故障发生在线路上，因线路继电保护动作，使断路器自动跳闸，隔离故障点，不致影响其他设备的安全运行。若先拉开电源侧隔离开关，虽然同样是带负荷拉隔离开关，则故障发生在母线上，扩大了故障范围，影响其他设备运行，甚至影响全厂供电。

同样，对图 5-3 两侧装有断路器的变压器而言，在停电时，应先从负荷侧进行，先断开负荷侧断路器，切断负荷电流，后断开电源侧断路器，只切断变压器空载电流。

（2）倒闸操作的基本要求

① 操作隔离开关

● 在手动合隔离开关时，必须迅速果断。在合闸开始时如发生弧光，则应毫不犹豫地将隔离开关迅速合上，严禁将其再行拉开。因为带负荷拉开隔离开关会使弧光更大，造成设备的更严重损坏，这时只能用断路器切断该回路后，才允许将误合的隔离开关拉开。

● 在手动拉开隔离开关时，应缓慢而谨慎，特别是在刀片刚离开固定触头时，如发生电弧，应立即反向重新将刀闸合上，并停止操作，查明原因，做好记录。但在切断允许范围内的小容量变压器空载电流、一定长度的架空线路和电缆线路的充电电流、少量的负荷电流时，拉开隔离开关时都会有电弧产生，此时应迅速将隔离开关拉开，使电弧立即熄灭。

● 在操作隔离开关后，必须检查隔离开关的开合位置，因为有时可能由于操作机构的原因，隔离开关操作后，实际上未合好或未断开。

② 操作断路器

● 在改变运行方式时，应先检查断路器的断流容量是否大于该电路的短路容量。

● 在一般情况下，断路器不允许带电手动合闸。因为手动合闸的速度慢，易产生电弧，但特殊需要时例外。

● 遥控操作断路器时，扳动控制开关不能用力过猛，以防损坏控制开关；也不得使控制开关返回太快，防止断路器合闸后又跳闸。

● 在断路器操作后，应检查有关信号灯及测量仪表（如电压表、电流表、功率表）的指示，确认断路器触头的实际位置。必要时，可到现场检查断路器的机械位置指示器来确定实际开、合位置，以防止在操作隔离开关时发生带负荷拉、合隔离开关事故。

5.2.1.2 倒闸操作实例

（1）变电所的送电操作

变电所的送电操作要按照母线侧隔离开关 → 负荷侧隔离开关 → 断路器的合闸顺序依次操作。

以前述图 1-15 所示的高压配电所为例，当停电检修完成后，要恢复线路 WL$_1$ 送电，而线路 WL$_2$ 作为备用。送电操作程序如下。

① 检查整个变配电所电气装置上确实无人工作后，拆除临时接地线和标示牌。拆除接地线时，应先拆线路端，再拆接地端。

② 检查两路进线 WL$_1$、WL$_2$ 的断路器等开关均在断开位置后，合上两段高压母线 WB$_1$ 和 WB$_2$ 之间的联络隔离开关，使 WB$_1$ 和 WB$_2$ 能够并列运行。

③ 依次从电源侧合上 WL$_1$ 上所有的隔离开关，然后合上进线断路器。如合闸成功，则说明 WB$_1$ 和 WB$_2$ 是完好的。

④ 依次合上接于 WB$_1$ 和 WB$_2$ 的电压互感器回路的隔离开关，检查电源电压是否正常。

⑤ 依次合上高压出线上的隔离开关，然后依次合上所有高压出线上的断路器，对所有车间变电所的主变压器送电。

⑥ 合 No.2 车间变电所主变压器低压侧的刀开关，再合低压断路器。如合闸成功，说明低压母线是完好的。

⑦ 通过接于两段低压母线上的电压表，检查低压母线电压是否正常。

⑧ 依次合 No.2 车间变电所所有低压出线的刀开关，然后合低压断路器，或合上低压熔断器式刀开关，使所有低压出线送电。

至此，整个高压配电所及其附设车间变电所全部投入运行。

如果变电所是事故停电以后的恢复送电，则倒闸操作程序与变配电所所装设的开关类型有关。

① 如果电源进线是装设高压断路器，则高压母线发生短路故障时，断路器自动跳闸。在故障消除后，则可直接合上断路器来恢复供电。

② 如果电源进线是装设高压负荷开关，则在故障消除后，先更换熔断器的熔体后，才能合上负荷开关来恢复送电。

③ 如果电源进线是装设高压隔离开关-熔断器，则在故障消除后，先更换熔断器熔体，并断开所有出线断路器，再合隔离开关，最后合上所有出线断路器才能恢复送电。

如果电源进线是装设跌开式熔断器，也必须如此操作才行。

（2）变电所的停电操作

变电所的停电操作要按照断路器→负荷侧隔离开关（或刀开关）→母线侧隔离开关（或刀开关）的拉闸顺序依次操作。

仍以图 1-15 所示高压配电所为例，现要停电检修，停电操作程序如下。

① 依次断开所有高压出线上的断路器，然后拉开所有出线上的隔离开关。

② 断开进线上的断路器，然后依次拉开进线上所有隔离开关。

③ 在所有断开的高压断路器手柄上挂上"有人工作，禁止合闸"的标示牌。

④ 在电源进线末端、进线隔离开关之前悬挂临时接地线。安装接地线时，应先接接地端，再接线路端。

至此，整个高压配电所全部停电。

5.2.2 电力变压器的试验

变压器在安装后，投入运行前要进行交接试验，大修后应进行大修试验，另外变压器每年还要进行一次预防性试验。变压器的试验项目如下。

（1）变压器绕组连同套管绝缘电阻的测量

对 6kV 及以上的电力变压器应采用 2500V 兆欧表来测量其绕组绝缘电阻，加压时间为 60s，所测绝缘电阻为 R_{60s}。测量时，非被测绕组均应接地。

对于投入运行前的电力变压器，其绝缘电阻值应不低于出厂值的 70%；对于大修后的变压器，其测量数值应与大修前的数值相符，否则说明检修时绕组受潮，应进行干燥处理。

（2）铁芯螺杆绝缘电阻的测量

6kV 及以上变压器的铁芯螺杆与铁芯间的绝缘电阻也应用 2500V 兆欧表来测量，其值不应低于出厂值的 50%，若无初始值参考，当绕组温度为 20℃ 时，绝缘电阻值不应低于 200MΩ。

（3）变压器油的试验

按规定，依试验目的不同，绝缘油可进行三类试验。

① 全项目分析试验，即对变压器油做全面的理化分析试验。

② 简化试验，即对变压器油按主要的、特征性的参数来检查其老化程度。

③ 电气强度试验，也称耐压试验，目的在于对运行中的变压器油进行日常检查。

对每批新到的绝缘油、运行中变压器发生故障后认为有必要检验的绝缘油以及变压器投入运行前所做交接试验时，应对其作全项目分析试验；对变压器大修后，准备注入变压器的新绝缘油，应作简化试验或电气强度试验。

变压器绝缘油的试验项目及标准，可参阅国家有关标准。

（4）变压器绕组连同套管直流电阻的测量

采用双臂电桥对所有各分接头进行直流电阻测量。规程规定：1600kV·A 及以下的三相变压器，各相测得值的相互差值应小于平均值的 4%，线间测量值的相互差值应小于平均值的 2%。

（5）变压器连接组别的检查

变压器在更换绕组后，应检查其连接组别是否与变压器铭牌的标志相符。

（6）变压器变压比的测量

变压器在更换绕组后，还必须测量各分接头上的变压比。工厂中常用双电压表法进行测量。如图 5-4 所示，在变压器高压绕组加上工频电压，其数值为额定电压的 1%～25%，依次测量变压器两侧各相间电压 U_{12} 和 U_{UV}、U_{23} 和 U_{VW}、U_{31} 和 U_{WU}，然后按下列公式计算出实测的电压比。

$$K_{12}=\frac{U_{12}}{U_{UV}}, \ K_{23}=\frac{U_{23}}{U_{VW}}, \ K_{31}=\frac{U_{31}}{U_{WU}} \tag{5-8}$$

（7）交流耐压试验

图 5-5 所示为交流耐压试验电路图。试验时，将高压线圈各线端连在一起，接到试验变压器 T_2 的高压输出端，低压线圈各线端也接在一起，并和油箱一起接地，试验电压加在高压线圈与地之间，图 5-5 中 R 为限流保护电阻，用以保护试验变压器。

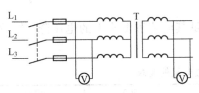

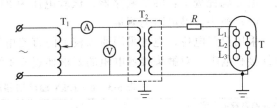

图 5-4　测定变压器的变压比　　　　　　图 5-5　交流耐压试验电路

试验时，合上电源，调节调压器 T_1，在试验电压的 40% 以前，电压上升速度不限，以后应以均匀速度升压至要求的数值，该电压保持 1min 后，再匀速降压，大约在 5s 内降至试验电压的 25% 以下时，切断电源。

在试验过程中，应仔细观察仪表指示有无变化、有无击穿或放电现象，油枕及其通气孔有无冒烟，同时监视变压器内部有无异常声响。如无异常现象，则应认为此变压器的内部绝缘是满足规定的耐压要求的。

试验电压值一般按出厂试验电压的 85% 设定。如出厂试验电压不详，可按表 5-2 的规定进行试验。

表 5-2　电力变压器工频耐压试验电压值　　　　　　　　　　单位：kV

额 定 电 压	3	6	10	15	20	35	63
油浸式变压器	15	21	30	38	47	72	120
干式变压器	8.5	17	24	32	43	60	—

5.2.3　配电装置的试验

电力规程规定：配电装置在投入运行前，应进行下列各项检查和试验。大修后的配电装置也应进行相应的检查和试验。

① 充油设备绝缘油的简化试验或耐压试验。

② 测量绝缘电阻、介质损耗角及各元件绝缘子的电压分布；35kV 及以下绝缘子的耐压试验。

③ 检查开关设备的各相触头接触的严密性和分合的同时性、操作机构的灵活性和可靠性、分合闸所需时间以及二次回路的绝缘电阻。

④ 检查互感器的变比及绕组极性等。

⑤ 检查母线接头接触的严密性。

⑥ 检查接地装置。

⑦ 检查和试验继电保护装置和过电压保护装置。

⑧ 检查熔断器及其他防护设施。

下面扼要介绍配电装置中的主要设备 SN10-10 型少油断路器的试验项目及试验标准。

(1) 绝缘拉杆绝缘电阻的测量

采用 2500V 兆欧表测量，绝缘拉杆的绝缘电阻值在常温下不应低于 1200MΩ。

(2) 合分闸线圈和合闸接触器线圈绝缘电阻的测量

采用 2500V 兆欧表测量，断路器分合闸线圈和合闸接触器线圈的绝缘电阻值不应低 10MΩ。

(3) 交流耐压试验

油断路器的交流耐压试验应分别在分、合闸状态下试验，试验方法与前述变压器试验相同。电力规程规定：6kV 断路器，试验电压为 21kV；10kV 断路器，试验电压为 27kV。

（4）触头接触电阻的测量

采用双臂电桥，也可采用通以较大的直流电流，测量其电流和触头上的电压降，然后计算其接触电阻。对触头接触电阻的要求如表 5-3 所示。

表 5-3　6～10kV 油断路器触头接触电阻的要求

油断路器额定电流/A	200	400	600	1000
检修后触头电阻/$\mu\Omega$	300～350	200～250	100～150	80～100
运行中触头接触电阻/$\mu\Omega$	400	300	200	150

（5）分、合闸时间的测量

采用电气秒表测量断路器的固有分闸时间和合闸时间，检查其是否符合断路器出厂的技术要求（参见附表 17）。

（6）绝缘油的试验

由于 SN10-10 型等少油断路器的油量少，且只作灭弧介质使用，因此按规定只作耐压试验（即电气强度试验）。

5.2.4　电力线路的试验

（1）绝缘电阻的测量

测量线路绝缘电阻的目的，是检查线路的绝缘状况是否良好，有无接地或相间短路故障。测量线路的绝缘电阻，通常在耐压试验前进行。高压线路一般采用 2500V 兆欧表测量，低压线路采用 1000V 兆欧表测量。

对电缆或绝缘导线，其测试步骤如下。

① 拆除被试电缆（或绝缘导线）的电源、负荷及一切对外连线，并将线心全部对地放电。

② 按图 5-6 所示接线，将电缆铅包或钢铠接到兆欧表的接地端子 E；心线接兆欧表线路端子 L；由于电缆有可能产生表面泄漏电流而影响测试，因此应采用兆欧表屏蔽（保护）端子 G 加以屏蔽。

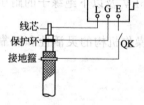

③ 以恒定速度（约 120r/min）摇兆欧表摇把，并合上开关 QK，读取 15s 和 60s 时的电阻值分别为 R_{60s} 和 R_{15s}，而 R_{60s}/R_{15s} 称为吸收比，一般电缆（或绝缘导线）的吸收比要求在 1.2 以上。

④ 测试完毕，必须对被试物充分放电，放电时间不少于 2min。

图 5-6　用兆欧表测量电缆的绝缘电阻

（2）直流耐压试验

电力电缆的直流耐压试验的试验期限为：变配电所无压力的重要电缆每年至少一次；其他电缆每三年至少一次；新敷设的有中间接头的电缆线路，在投入运行三个月后应试验一次，以后按一般周期试验。

电缆直流耐压试验电压为（试验持续时间为 5min）：

- 油浸纸绝缘电缆 6～10kV 采用 5 倍额定电压；
- 油浸纸绝缘电缆 15～35kV 采用 4 倍额定电压；
- 橡胶、塑料绝缘电缆 6～35kV 采用 2.5 倍额定电压。

（3）三相线路的定相

所谓定相，就是测定相序和相位。新建线路要投入系统以及双回路或双变压器要并列运行时，均需进行定相，以免彼此的相序或相位不一致，投入运行时造成短路或巨大的环流而损坏设备。

① 相序测定　测定三相线路的相序，可采用下面电容式或电感式两种方法。

图 5-7（a）所示为电容式相序表原理接线图。L_1 相电容 C 的容抗 X_C 与 L_2、L_3 两相灯泡的电阻 R 值相等。接上三相电源后，灯亮的为 L_2 相，灯暗的为 L_3 相。

图 5-7（b）所示为电感式相序表原理接线图。L_1 相电感 L 的感抗 X_L 与 L_2、L_3 两相灯泡的电阻 R 值相等。接上三相电源后，灯暗的为 L_2 相，灯亮的为 L_3 相。

② 核对相位　对新建线路，应核对其两端相位是否一致，以免线路两端相位不一致时造成短路事故。

图 5-8（a）所示为用兆欧表核对线路两端相位的接线。线路首端接兆欧表，其 L 端接线路，E 端接地。测试时线路末端逐相接地。如果兆欧表指示为零，则说明末端接地的相线与首端测量的相线属同一相。如此三相轮流测量，即可确定出线路首端和末端的 L_1、L_2、L_3 相。

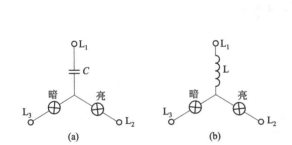

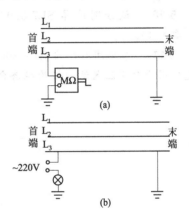

图 5-7　指示灯相序的原理接线　　　　图 5-8　核对线路两端的接线

图 5-8（b）所示为用指示灯核对线路两端相位的接线。线路首端接指示灯，末端逐相接地。如果通上电源时指示灯亮，则说明末端接地的相线与首端接指示灯的相线属同一相。如此三相轮流测量，亦可定出线路首端和末端的 L_1、L_2、L_3 相。

（1）变压器的经济运行

电力变压器的经济运行是使变压器有功损耗最小且能获得最佳经济效益的运行方式。其主要参数为经济运行的临界负荷、经济负荷和经济负荷率。

（2）变电所的倒闸操作

倒闸操作是变配电所运行中的一项经常性的重要操作，必须采取相应的组织措施和技术措施加以保证。变配电所在正常运行中的一切操作都应严格执行操作票制度。

运行中的电气设备要定期进行检修，以保证其安全可靠地工作；新安装的电气设备要进行交接验收试验，以检查设备在储藏和运输过程中是否有损坏；电气设备投入运行后，要定期进行预防性试验，以检查其绝缘是否损伤和劣化。

习题 5

5-1　什么叫经济运行？对电力变压器如何考虑其经济运行？

5-2　什么叫倒闸操作？倒闸操作应遵守哪些制度？

5-3　简述倒闸操作的基本原则？

5-4　简述变配电所送电和停电操作的一般顺序？

5-5　变压器在投入运行前或大修后应进行哪些预防性试验？

5-6　配电装置在投入运行前或大修后应进行哪些检查和试验？

5-7　简述电缆或绝缘导线绝缘电阻的测试步骤？

5-8　简述电力电缆的直流耐压试验的试验期限？

5-9　简述如何测量三相电力线路的相序？

5-10　试分别计算 SL7-500/10 型和 SL7-800/10 型两种电力变压器的经济负荷率（K_q 取 0.1）。

5-11　某车间有两台 SL7-800/10 型变压器，而负荷只有 600kV·A，问是采用一台还是采用两台变压器运行较为经济合理（K_q 取 0.1）。

项目6　变电所供电系统电气设计 *

任务6.1　变电所电气设计概述

【知识目标】　了解工厂供电系统电气设计程序和要求

【能力目标】　具有掌握简单工厂供电系统电气设计的初步能力

【学习重点】　工厂供电系统一般电气设计程序和要求

6.1.1　工厂供电系统设计原则

按照国家标准的有关规定，进行工厂供电系统设计必须遵循以下原则。

① 工厂供电系统设计必须遵循国家的各项方针政策，设计方案必须符合国家标准中的有关规定，并应做到保障人身和设备安全，供电可靠，电能质量合格，技术先进和经济合理。

② 应根据工程特点、规模和发展规划，正确处理近期建设和远期发展的关系，作到远、近期结合，适当考虑扩建的可能。

③ 必须从全局出发，统筹兼顾，按照负荷性质、用电容量、工程特点和地区供电条件，合理确定设计方案，以满足供电的要求。

6.1.2　工厂供电系统电气设计内容

工厂供电系统电气设计包括变电所设计、配电线路设计和电气照明设计等。

(1) 变电所设计

无论工厂总降压变电所或车间变电所，设计的内容都是相同的。工厂高压配电所除了没有主变压器的选择外，其余部分的设计内容也与变电所基本相同。

变电所的设计内容应包括：变电所负荷计算及无功功率的补偿；变电所所址的选择；变电所主变压器台数、容量、型式的确定；变电所主接线方案的选择；进出线的选择；短路电流计算和开关设备的选择；二次回路方案的确定及继电保护的选择与整定；防雷保护与接地装置的设计；变电所电气照明的设计等。

最后需编制设计说明书、设备材料清单及工程概预算，绘制变电所主接线图、平剖面图、二次回路图及其他施工图纸。

(2) 配电线路设计

工厂配电线路设计分厂区配电线路设计和车间配电线路设计。

厂区配电线路设计包括厂区高压供电线路设计及车间外部低压配电线路的设计。其设计内容应包括：配电线路路径及线路结构形式（架空线路还是电缆线路）的确定；线路的导线或电缆及其配电设备和保护设备的选择；架空线路杆位的确定及电杆与绝缘子、金具的选择；架空线路的防雷保护及接地装置的设计等。最后需编制设计说明书、设备材料清单及工程概预算，绘制厂区配电线路系统图和平面图、电杆总装图及其他施工图纸。

车间配电线路设计的内容应包括：车间配电线路布线方案的确定；线路导线及其配电设备和保护设备的选择等。最后编制设计说明书、设备材料清单及工程概预算，绘制车间配电线路系统图和平面图及其他施工图纸。

（3）电气照明设计

工厂电气照明设计包括厂区室外照明系统的设计和车间（建筑）内照明系统的设计。其内容均应包括：照明光源和灯具的选择；灯具布置方案的确定和照度计算；照明线路导线的选择；保护与控制设备的选择等。最后也编制设计说明书、设备材料清单及工程概预算，绘制照明系统图和平面图及其他施工图纸。

6.1.3 工厂供电系统电气设计程序和要求

工厂供电系统电气设计，通常分为扩大初步设计和施工设计两个阶段。对于用电量大的大型工厂，在建厂可行性研究报告阶段，可增加工厂供电采用方案意见书。用电量较小的工厂，经技术论证许可时，也可将两个阶段合并为一个阶段进行。

（1）扩大初步设计

扩大初步设计的任务主要是根据设计任务书的要求，进行负荷的统计计算，确定工厂的需要用电容量，选择工厂供电系统的原则性方案及主要设备，提出主要设备材料清单，并编制工程投资概预算，报上级主管部门审批。因此，扩大初步设计资料应包括设计说明书和工程投资概预算两部分。

在设计前必须收集以下资料。

① 工厂的总平面图，各车间（建筑）的土建平、剖面图。

② 全厂的工艺、给水、排水、通风、取暖及动力等工种的用电设备平面布置图和主要剖面图，并附有各用电设备的名称及其有关技术数据。

③ 用电负荷对供电可靠性的要求及工艺允许停电的时间。

④ 全厂的年产量或年产值与年最大负荷利用小时数，用以估算全厂的年用电量和最高需电量。

⑤ 向当地供电部门收集下列资料：

• 可供的电源容量和备用电源容量；

• 供电电源的电压、供配电方式（架空线还是电缆线，专用线还是公用线）、供电电源线路的回路数、导线型号、规格、长度以及进入工厂的方向和具体位置；

• 电力系统的短路数据或供电电源线路首端的开关断流容量；

• 供电电源线路首端的继电保护方式及动作电流和动作时限的整定值，电力系统对工厂进线端继电保护方式及动作时限配合的要求；

• 供电部门对工厂电能计量方式的要求及电费计收方法；

• 对工厂功率因数的要求；

• 电源线路厂外部分设计与施工的分工及工厂应负担的投资费用等。

⑥ 向当地气象、地质及建筑安装部门收集当地气温、地质、土壤、主导风向、地下水位及最高洪水位、最高地震烈度、当地电气工程的技术经济指标及电气设备材料的生产供应情况等资料。

（2）施工设计

施工设计的任务是在扩大初步设计经上级主管部门批准后，为满足安装施工要求而进行的技术设计，主要是绘制安装施工图和编制施工说明书。

施工设计须对初步设计的原则性方案进行全面的技术经济分析和必要的计算和修订，以使设计方案更加完善和精确，有助于安装施工图的绘制。安装施工图是进行安装施工所必需的全套图表资料。安装施工图应尽量采用国家规定的标准图纸。

施工设计资料应包括施工说明书，各项工程的平、剖面图，各种设备的安装图，各种非标准件的安装图，设备与材料明细表以及工程预算等。

施工设计由于是即将付诸安装施工的最后决定性设计，因此设计时更有必要深入实际、调查研究、核实资料、精心设计，以确保工厂供配电系统工程的质量。

任务 6.2　变电所电气设计示例

【知识目标】 初步掌握工厂供电系统一般电气设计

【能力目标】 具有掌握工厂供电系统电气设计的初步能力

【学习重点】 工厂供电系统一般电气设计

6.2.1 设计基础资料

（1）全厂用电设备情况

① 负荷大小：全厂设备台数、设备容量及计算负荷如表 6-1。

② 负荷类型：本厂除空压站、煤气站部分设备为二级负荷外，其余均为三级负荷。

③ 工厂为二班制。全年工厂工作小时数为 4500h，最大负荷利用小时数：$T_{max}=4000h$。年耗电量约 $115 \times 10^5 kW \cdot h$（有效生产时间为 10 个月）。

表 6-1　某机械厂计算负荷表

配电计量点名称	设备台数 n	设备容量 $\sum nP$ /kW	计算有功功率 P_{30} /kW	计算无功功率 Q_{30} /kvar	计算视在功率 S_{30} /(kV·A)	计算电流 I_{30} /A	功率因数 $\cos\varphi$	$\tan\varphi$	平均有功功率 P /kW	平均无功功率 Q /kvar	有功功率损耗 ΔP /kW	无功功率损耗 ΔQ /kW	变压器容量 S_N /(kV·A)
一车间	70	1419	470	183	506	770	0.93	0.39	354	138	10	50	630
二车间	177	2223	612	416	744	1130	0.82	0.68	512	348	15	74	800
三车间	194	2511	735	487	895	1360	0.82	0.67	628	420	13	89.6	1000
锻工车间	37	1755	920	276	957	1452	0.96	0.3	632	190	19	96	1000
工具、机修车间	81	1289	496	129	510	775	0.92	0.26	400	104	10	51	630
空压站、煤气站	45	1266	854	168	872	1374	0.98	0.5	633	125	17	87	1000
全厂总负荷	604	10463	4087	1659	4485	6811	—	—	3159	1325	89	447.6	5000

（2）电源情况

① 工作电源　工厂东北方向 6km 处有一地区降压变电所，用一台 110/35/10kV、25MV·A 的三绕组变压器作为工厂的工作电源，允许使用 35kV 或 10kV 两种电压中的一

种电压，以一回路架空线向工厂供电。35kV 侧系统的最大三相短路容量为 1000MV·A，最小三相短路容量为 500MV·A。

② 备用电源　工厂正北方向由其他工厂引入 10kV 电缆作为本厂备用电源，平时不允许投入，只有在本厂的工作电源发生故障或检修停电时，提供照明及部分重要负荷用电，输送容量不得超过 1000kV·A。

（3）功率因数

国家电业部门对功率因数的要求为：当以 35kV 供电时，$\cos\varphi \geqslant 0.9$；当以 10kV 供电时，$\cos\varphi \geqslant 0.95$。

（4）电价计算

国家电业部门实行两部电价制。

① 基本电价　按变压器安装容量计费，每 1kV·A，6 元/月。

② 电度电价　供电电压为 35kV 时，$\beta = 0.30$ 元/kW·h；供电电压为 10kV 时，$\beta = 0.37$ 元/kW·h。

（5）附加投资

工厂供电线路功率损失在发电厂引起的附加投资，按 1000 元/kW 计算。

（6）其他基础资料

① 全厂总平面布线图。

② 全厂管路系统图。

③ 车间环境的说明及建筑条件的要求。

④ 车间工艺装备的用电安装容量及负荷类型。

⑤ 气象及地质资料。

6.2.2 高压供电系统的电气设计

（1）供电电压的选择

由于地区变电所仅能提供 35kV 或 10kV 中的一种电压，所以将两种电压的优缺点扼要分析如下。

方案一：采用 35kV 电压供电。

① 供电电压较高，线路的功率损耗及电能损耗小，年运行费用较低。

② 电压损失小，调压问题容易解决。

③ 对 $\cos\varphi$ 的要求较低，可以减少提高功率因数补偿设备的投资。

④ 需建设总降压变电所，工厂供电设备便于集中控制管理，易于实现自动化，但要多占一定的土地面积。

⑤ 根据以往运行统计数据，35kV 架空线路的故障率比 10kV 架空线路的故障率低一半，因而供电可靠性高。

⑥ 有利于工厂进一步扩展。

方案二：采用 10kV 电压供电。

① 不需投资建设工厂总降压变电所，并少占土地面积。

② 工厂内不装设主变压器，可简化接线，便于运行操作。

③ 减轻维护工作量，减少管理人员。

④ 供电电压较 35kV 低，会增加线路的功率损耗和电能损耗，线路的电压损失也会增大。

⑤ 要求的 $\cos\varphi$ 值高，要增加补偿设备的投资。

⑥ 线路的故障率比 35kV 的高，即供电可靠性不如 35kV。

（2）经济技术指标的比较

方案一：正常运行时以 35kV 单回路架空线路供电，由邻厂 10kV 电缆线路作为备用电源。根据全厂计算负荷情况，$S_{30}=4485\text{kV}\cdot\text{A}$，且只有少数的负荷为二级负荷，大多数为三级负荷，故拟厂内总降压变电所装设一台容量为 5000kV·A 的变压器，型号为 SJL1-5000/35 型，电压为 35/10kV，查产品样本，其有关技术参数为

$\Delta P_0=6.9\text{kW}$，$\Delta P_k=45\text{kW}$，$U_k\%=7$，$I_0\%=1.1$。

① 变压器功率损耗

$$\Delta P_T\approx\Delta P_0+\Delta P_k\left(\frac{S_{30}}{S_N}\right)^2=6.9+45\times\left(\frac{4485}{5000}\right)^2=43.1\text{kW}$$

$$\Delta Q_T\approx\Delta Q_0+\Delta Q_N\left(\frac{S_{30}}{S_N}\right)^2=S_N\left[\frac{I_0\%}{100}+\frac{U_k\%}{100}\left(\frac{S_{30}}{S_N}\right)^2\right]$$

$$=5000\times\left[\frac{1.1}{100}+\frac{7}{100}\times\left(\frac{4485}{5000}\right)^2\right]=336.6\text{kvar}$$

② 计算负荷

35kV 线路的计算负荷等于全厂计算负荷与变压器功率损耗之和。

$$P'_{30}=P_{30}+\Delta P_T=4087+43.1=4130.1\text{kW}$$

$$Q'_{30}=Q_{30}+\Delta Q_T=1659+336.6=1995.6\text{kvar}$$

$$S'_{30}=\sqrt{P'^2_{30}+Q'^2_{30}}=\sqrt{4130.1^2+1995.6^2}=4587\text{kvar}$$

$$\cos\varphi=P'_{30}/S'_{30}=\frac{4130.1}{4587}=0.90$$

$$I'_{30}=S'_{30}/\sqrt{3}U_N=4587/\sqrt{3}\times35=75.67\text{A}$$

考虑到工厂生产的不断增长，电力负荷也需逐渐增加。根据上述得到的计算负荷值，查有关手册或参考本书附表，选择钢心铝铰线 LGJ-35，其允许电流为 $170\text{A}>I'_{30}=75.67\text{A}$，满足要求。该导线单位长度电阻 $R_0=0.89\Omega/\text{km}$，单位长度电抗 $X_0=0.36\Omega/\text{km}$。

查有关电力工程设计手册，经过计算，35kV 供电的投资费用 Z_1 如表 6-2，年运行费用 F_1 如表 6-3。

表 6-2　35kV 的投资费用 Z_1

项　目	说　明	单　价	数　量	费用/万元
线路综合投资	LGJ-35	1.2 万元/km	6km	7.2
变压器综合投资	SJL-5000/35	10 万元	1 台	10
35kV 断路器	SW₂-35/1000	2.8 万元	1 台	2.8
避雷器及互感器	FZ-35，JDJJ-35	1.3 万元	各 1 台	1.3
附加投资	$3I'^2_{30}R_0l+\Delta P_T=3\times75.67^2\times0.85\times6\times10^{-3}+43.1$	0.1 万元/kW	130.7kW	13.07
合　　计				34.37

表 6-3　35kV 供电的年运行费用 F_1

项　目	说　明	费用/万元
线路折旧费	按线路投资的 5% 计，7.2×5%	0.36
电气设备折旧费	按设备投资的 8% 计，(10+2.8+1.3)×8%	1.128
线路电能损耗费	$\Delta F_1=3I'^2_{30}R_0l\tau\beta\times10^{-3}=3\times75.67^2\times0.85\times6\times2300\times0.3\times10^{-3}$	6.045
变压器电能损耗费	$\Delta F_T=\left[\Delta P_0\times8760+\Delta P_k\left(\frac{S_{30}}{S_N}\right)^2\tau\right]\beta=\left[6.9\times8760+45\times\left(\frac{4485}{5000}\right)^2\times2300\right]\times0.3$	4.312
基本电价费	每年有效生产时间为 10 个月，5000×10×6	30
合　　计		41.845

方案二：采用 10kV 电压供电，厂内不设总降压变电所，即不装设主变压器，故无变压器损耗问题。此时，10kV 架空线路计算电流

$$I_{30}=S_{30}/\sqrt{3}U_N=4485/(\sqrt{3}\times10)=258.95A$$

而

$$\cos\varphi=P_{30}/S_{30}=4087/4485=0.911<0.95$$

不符合要求。

为使两个方案比较在同一基础上进行，选择 LGJ-70 钢心铝铰线，其允许载流量为 275A，$R_0=0.46\Omega/km$，$X_0=0.37\Omega/km$。但是，经过验算，电压损失超出允许范围。

10kV 供电的投资费用 Z_2 如表 6-4，年运行费用 F_2 如表 6-5。

表 6-4 10kV 供电的投资费用 Z_2

项　　目	说　　明	单　价	数　　量	费用/万元
线路综合投资	LGJ-70	1.44 万元/km	6km	8.64
附加投资	$3I_{30}^2R_0l=3\times258.95^2\times0.46\times6\times10^{-3}$	0.1万元/kW	555.22kW	55.522
合　　计				64.162

表 6-5 10kV 供电的年运行费用 F_2

项　　目	说　　明	费用/万元
线路折旧费	以线路投资的 5% 计，8.64×5%	0.432
线路电能损耗费	$\Delta F_1=3I_{30}^2R_0l\tau\beta\times10^{-3}=3\times258.95^2\times0.46\times6\times2300\times0.37\times10^{-3}$	47.249
合　　计		47.681

在上述各表中，变压器全年空载工作时间为 8760h；最大负荷利用小时 $T_{max}=4000h$；最大负荷损耗小时 τ 可由 $T_{max}=4500$ 和 $\cos\varphi=0.9$ 查有关手册中 τ-T_{max} 关系曲线，得出 $\tau=2300h$；β 为电度电价（35kV 时，$\beta=0.3$ 元/kW·h；10kV 时，$\beta=0.37$ 元/kW·h）。

由上述分析计算可知，方案一较方案二的投资费用及年运行费用均少，而且方案二以 10kV 电压供电，电压损失达到了极为严重的程度，无法满足二级负荷长期正常运行的要求。因此，选用方案一，即采用 35kV 电压供电，建设厂内总降压变电所，不论从经济上还是从技术上来看，都是合理的。

（3）总降压变电所的电气设计

根据前面已确定的供电方案，结合本厂厂区平面示意图，考虑总降压变电所尽量接近负荷中心，且远离人员集中区，不影响厂区面积的利用，有利于安全等诸多因素，拟将总降压变电所设在厂区东北部（图 6-1）。

根据运行需要，对总降压变电所提出以下要求。

① 总降压变电所装设一台 5000kV·A、35/10kV 的降压变压器，与 35kV 架空线路接成线路-变压器组。为便于检修、运行、控制和管理，在变压器高压侧进线处应设置高压断路器。

② 根据规定，备用电源只有主电源线路解列及变压器有故障或检修时才允许投入，因此备用 10kV 电源进线断路器在正常工作时必须断开。

③ 变压器二次侧（10kV）设置少油断路器，与 10kV 备用电源进线断路器组成备用电源自动投入装置，当工作电源失去电压时，备用电源立即自动投入。

④ 变压器二次侧 10kV 母线采用单母线分段接线。变压器二次侧 10kV 接在分段 I 上，而 10kV 备用电源接在分段 II 上。单母线分段联络开关在正常工作时闭合，重要二级负荷可接在母线分段 II 上，在主电源停止供电时，不至于使重要负荷的供电受到影响。

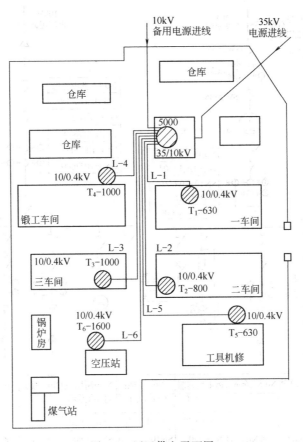

图 6-1　厂区供电平面图

⑤ 本总降压变电所的操作电源来自备用电源断路器前的所用变压器。当主电源停电时，操作电源不至于停电。

根据以上要求，设计总降压变电所电气主接线如图 6-2 所示。

（4）短路电流计算

短路电流按系统正常运行方式计算，其计算电路图如图 6-3 所示。

为了选择高压电气设备，整定继电保护，需计算总降压变电所的 35kV 侧、10kV 母线以及厂区高压供电线路末端（即车间变电所 10kV 母线）的短路电流，分别为 k-1、k-2 和 k-3 点。但因工厂厂区不大，总降压变电所到最远车间的距离不过数百米，因此总降压变电所 10kV 母线（k-2 点）与厂区高压供电线路末端处（k-3 点）的短路电流值差别极小，故只计算主变压器高、低压侧 k-1 和 k-2 两点短路电流。

短路计算结果如表 6-6 所示。

表 6-6　三相短路电流计算表

短路计算点	运行方式	短路电流/kA				短路容量/(MV·A)
		$I_k^{(3)}$	$I_\infty^{(3)}$	$I''^{(3)}$	$i_{sh}^{(3)}$	$S_k^{(3)}$
k-1	最　大	6.05	6.05	6.05	15.43	387.9
	最　小	4.36	4.36	4.36	11.12	279.49
k-2	最　大	3.32	3.32	3.32	8.47	60.32
(k-3)	最　小	3.13	3.13	3.13	7.98	56.89

（5）电气设备选择

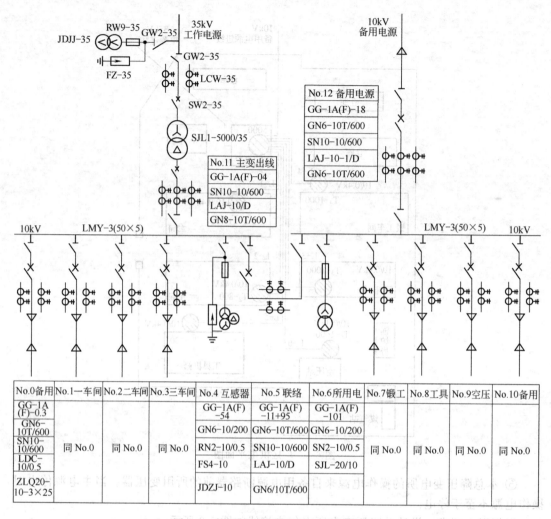

图 6-2　某机械厂总降压变电所主接线图

下表为图 6-2 中各设备的组装信息：

No.0备用	No.1一车间	No.2二车间	No.3三车间	No.4 互感器	No.5 联络	No.6所用电	No.7锻工	No.8工具	No.9空压	No.10备用
GG-1A(F)-0.3	同 No.0	同 No.0	同 No.0	GG-1A(F)-54	GG-1A(F)-11+95	GG-1A(F)-101	同 No.0	同 No.0	同 No.0	同 No.0
GN6-10T/600				GN6-10/200	GN6-10T/600	GN6-10/200				
SN10-10/600				RN2-10/0.5	SN10-10/600	SN2-10/0.5				
LDC-10/0.5				FS4-10	LAJ-10/D	SJL-20/10				
ZLQ20-10-3×25				JDZJ-10	GN6/10T/600					

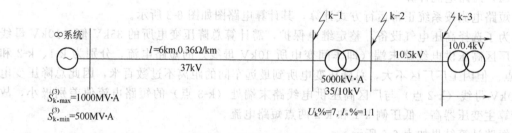

图 6-3　系统短路电流计算电路图

　　根据上述短路电流计算结果，按正常工作条件选择和按短路情况校验确定的总降压变电所高、低压电气设备如下。

　　① 主变 35kV 侧电气设备，如表 6-7。

　　② 主变 10kV 侧电气设备（主变压器低压侧及备用电源进线）如表 6-8 所示。该设备分别组装在两套高压开关柜 GG-1A（F）中。其中 10kV 母线选为 LMY-3（50×5）铝母线，其允许电流 740A 大于 10kV 侧计算电流 288.7A，动稳定和热稳定均满足要求。10kV 侧设备的布置、排列顺序及用途如图 6-2 所示。

表 6-7 35kV 侧电气设备

计算数据 ＼ 设备名称及型号	高压断路器 SW_2-35/1000	隔离开关 GW_2-35G	电压互感器 JDJJ-35	电流互感器 LCW-35	避雷器 FZ-35
$U=35\text{kV}$	35kV	35kV	35kV	35kV	35kV
$I_{30}=\dfrac{S_N}{\sqrt{3}U_{N1}}=82.48\text{A}$	1000A	600A		150/5	
$I_{k1}^{(3)}=6.05\text{kA}$	24.8kA				
$S_{k1}^{(3)}=387.9\text{MV}\cdot\text{A}$	1500MV·A				
$i_{sh}^{(3)}=15.43\text{kA}$	63.4kA	50kA		$100\times\sqrt{2}\times150=21.2\text{kA}$	
$I_{\infty}^{(3)2}t_{rma}=6.05^2\times0.7$	$I_t^2t=24.8^2\times4''$	$14^2\times5''$		$I_t^2t=(65\times0.15)^2\times1''$	

表 6-8 10kV 侧电气设备（变压器低压侧及备用电源进线）

计算数据 ＼ 设备名称及型号	高压断路器 SN10-10 I/600	隔离开关 GN8-10T/600	电流互感器 LAJ-10/D	隔离开关 GN6-10T/600	备注
$U=10\text{kV}$	10kV	10kV	10kV	10kV	采用 GG-1A（F） 高压开关柜
$I_{30}=\dfrac{S_N}{\sqrt{3}U_{N2}}=288.7\text{A}$	600A	600A	400/5,300/5	600A	
$I_{k2}^{(3)}=3.32\text{kA}$	16kA	30kA		30kA	
$S_{k2}^{(3)}=60.32\text{MV}\cdot\text{A}$	300MV·A				
$i_{sh}^{(3)}=8.47\text{kA}$	40kA	52kA	$180\times\sqrt{3}\times0.3=57\text{kA}$	52kA	
$I_{\infty}^{(3)2}t_{rma}=3.32^2\times0.7$	$I_t^2t=16^2\times2''$	$20^2\times5''$	$(100\times0.3)^2\times1''$	$20^2\times5''$	

③ 10kV 供电线路设备选择。以一车间的供电线路为例，10kV 供电线路设备如表 6-9。该设备组装在 11 台 GG-1A（F）型高压开关柜中，其编号、排列顺序及用途如图 6-2 所示。

表 6-9 10kV 馈电线路设备

计算数据 ＼ 设备名称及型号	高压断路器 SN10-10/600	隔离开关 GN6-10T/600	电流互感器 LDC-10/0.5	电力电缆 ZLQ20-10-3×25
$U=10\text{kV}$	10kV	10kV	10kV	10kV
$I_{30}=\dfrac{S_N}{\sqrt{3}U_{N2}}=36.37\text{A}$	600A	600A	300/5	80A
$I_{k2}^{(3)}=3.32\text{kA}$	16kA	30kA		
$S_{k2}^{(3)}=60.32\text{MV}\cdot\text{A}$	300MV·A			
$i_{sh}^{(3)}=8.47\text{kA}$	40kA	52kA	$135\times\sqrt{3}\times0.3$	$A_{min}=18.7\text{mm}^2$
$I_{\infty}^{(3)2}t_{ima}=3.32^2\times0.2''$	$I_t^2t=16^2\times2''$	$20^2\times5''$		$<A=25\text{mm}^2$

（6）车间变电所位置和变压器数量、容量的选择

车间变电所的位置、变压器数量和容量，可根据厂区平面布置图提供的车间分布情况及车间负荷的中心位置、负荷性质、负荷大小等，结合其他各项选择原则，与工艺、土建有关方面协商确定。本厂拟设置六个车间变电所，每个车间变电所装设一台变压器，其位置如图 6-1 所示，变压器容量如表 6-10。

（7）厂区高压配电线路的计算

为便于管理，实现集中控制，尽量提高用户用电的可靠性，在本总降压变电所馈电线路不多的前提条件下，首先考虑采用放射式配电方式，如图 6-1 所示。

表 6-10　车间变电所变压器一览表

变压器名称	位置及型式	容量/(kV·A)	变压器型号	变压器名称	位置及型式	容量/(kV·A)	变压器型号
T_1	一车间	630	SL7-630/10	T_4	锻工车间	1000	SL7-1000/10
T_2	二车间	800	SL7-800/10	T_5	工具、机修	630	SL7-630/10
T_3	三车间	1000	SL7-1000/10	T_6	空压、煤气	1000	SL7-1000/10

由于厂区面积不大，各车间变电所与总降压变电所距离较近，厂区高压配电网采用直埋电缆线路。

以一车间变电所 T_1 为例，选择电缆截面。

根据表 6-1 提供的一车间视在计算功率 $S_{30(1)}=506\text{kV·A}$，其 10kV 的计算电流

$$I_{30(1)}=\frac{S_{30(1)}}{\sqrt{3}U_N}=\frac{506}{\sqrt{3}\times10}\approx29\text{A}$$

查有关产品样本或设计手册，考虑为今后发展留有余地，选用 ZLQ20-3×25 型铝心纸绝缘铝包钢带铠装电力电缆，在 $U_N=10\text{kV}$ 时，其允许电流值为 80A，大于计算电流值，合格。

其他线路的电缆截面选择类同，其计算结果如表 6-11。

表 6-11　高压配电系统计算表

线路序号	线路用途	计算负荷		计算电流	选定截面	线路长度
		P_{30}/kW	Q_{30}/kvar	I_{30}/A	S/mm²	/m
L-1	用于 T_1	470	183	29	25	80
L-2	用于 T_2	612	416	43	25	200
L-3	用于 T_3	735	487	51.7	25	250
L-4	用于 T_4	920	270	55	25	100
L-5	用于 T_5	496	129	29	25	300
L-6	用于 T_6	854	168	50	25	350

(8) 防雷与接地

为防御直接雷击，在总降压变电所内设避雷针。根据户内外配电装置建筑面积及高度，设三支避雷针：一支为 25m 高的独立避雷针，另两支为置于户内配电装置建筑物边缘的 15m 高的附设式避雷针。根据作图计算，三支避雷针可安全保护整个总降压变电所不受直接雷击。

为防止雷电波侵入，在 35kV 进线杆塔前设 500m 架空避雷线，且在进线断路器前设一组 FZ-35 型避雷器，在 10kV 母线的 Ⅱ 分段上各设一组 FS-10 阀型避雷器。

总降压变电所接地采用环形接地网，用直径 50mm 长 2500mm 钢管作接地体，埋深 1m，用扁钢连接，经计算接地电阻不大于 4Ω，符合要求（计算过程从略）。

(9) 继电保护的选择与整定

总降压变电所需要设置以下保护装置：主变压器保护、10kV 馈电线路保护、备用电源进线保护以及 10kV 母线保护。此外，还需设置备用电源自动投入装置和绝缘监察装置。

① 主变压器保护　根据总降压变电所变压器容量及重要性，并参照规程规定，主变压器一次侧应设置带有定时限的过电流保护及电流速断保护。同时还应装设气体（瓦斯）保护及温度信号等。主变压器的继电保护原理电路图如图 6-4 所示。

● 定时限过电流保护　采用三个电流互感器接成全星形接线方式，以提高保护动作灵敏度，继电器选用 DL-11 型。动作电流整定如下。

取保护装置可靠系数 $K_{co}=1.2$，接线系数 $K_w=1$，返回系数 $K_{re}=0.85$，电流互感器变比 $K_{TA}=150/5=30$，变压器一次侧最大负荷电流取 2 倍的一次侧额定电流，即

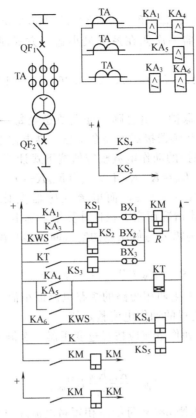

图 6-4 总降压变电所主变压器继电保护电路图

$$I_{\mathrm{L\cdot max}}=2I_{\mathrm{1NT}}=\frac{2S_\mathrm{N}}{\sqrt{3}U_\mathrm{N}}=\frac{2\times5000}{\sqrt{3}\times35}=165\mathrm{A}$$

所以动作电流

$$I_{\mathrm{op}}=\frac{K_{\mathrm{co}}K_\mathrm{w}}{K_{\mathrm{re}}K_{\mathrm{TA}}}I_{\mathrm{L\cdot max}}=\frac{1.2\times1}{0.85\times30}\times165=7.76\mathrm{A}$$

动作电流 I_{op} 整定值取为 8A。动作时间与 10kV 母线保护配合,10kV 馈电线的保护动作时间为 0.5s,母线保护动作时间为 1s,则主变压器过流保护动作时间为

$$t=0.5+1=1.5\mathrm{s}$$

其保护灵敏度按变压器二次侧母线在系统最小运行方式时发生两相短路换算到一次侧的电流值 $I_{\mathrm{k\cdot min}}^{(2)}$ 来检验。

$$I_{\mathrm{k\cdot min}}^{(2)}=0.866\times3.13\times10^3\times\frac{10}{35}=774.45\mathrm{A}$$

故灵敏度

$$S_\mathrm{P}=\frac{K_\mathrm{w}I_{\mathrm{k\cdot min}}^{(2)}}{K_{\mathrm{TA}}I_{\mathrm{op}}}=\frac{1\times774.45}{30\times8}=3.23>1.5$$

满足要求。

● 电流速断保护   采用两相不完全星形接法进行电流速断保护,动作电流应躲过系统最大运行方式时变压器二次侧三相短路电流值,继电器选用 GL-25 型。速断电流整定如下。

取 $K_{\mathrm{co}}=1.5$,$K_\mathrm{w}=1$,而二次侧三相短路电流 $I_{\mathrm{(k-2)}}^{(3)}$ 换算到一次侧的短路电流值为

$$I_{\mathrm{k\cdot max}}^{(3)}=I_{\mathrm{(k-2)}}^{(3)}\frac{U_{\mathrm{2N}}}{U_{\mathrm{1N}}}=3.32\times\frac{10}{35}=0.9486\mathrm{kA}=948.6\mathrm{A}$$

故速断电流

$$I_{qb}=K_{co}K_W I_{k.max}^{(2)}/K_{TA}=1.5\times1\times948.6/30=47.43A$$

速断保护灵敏度，按变压器一次侧在系统最小运行方式时的两相短路电流 $I_{(k-1)}^{(2)}$ 来检验，即

$$S_p=0.866I_{(k-1)}^{(3)}K_W/(K_{TA}I_{qb})=0.866\times4.36\times10^3\times1/30\times47.43=2.65>2$$

符合要求。

② 变压器 10kV 供电线路保护　由总降压变电所送至每一车间变电所的线路，需装设过电流保护和速断保护。电流互感器接成不完全星形，继电器选用 GL-15 型。

① 过电流保护　过电流保护的动作电流整定值按下式计算。

$$I_{op}=K_{co}K_W I_{L.max}/(K_{re}K_{TA})$$

取 $K_{co}=1.3$，$K_W=1$，$K_{TA}=0.8$，而电流互感器变比 K_{TA} 和线路最大负荷电流 $I_{L.max}$，可根据各馈电线路具体情况而定。根据计算结果选出相近 I_{op} 动作电流值。

过电流保护动作时间。因为需要与低压侧的空气断路器相配合，故选为 0.5s。

灵敏度校验可按下式进行。

$$S_p=K_W I_{k.min}^{(2)}/K_{TA}I_{op}\geqslant1.5$$

式中　$I_{k.min}^{(2)}$——380V 侧母线发生两相短路的短路电流最小值，且换算到 10kV 侧的数值；

I_{op}——过电流保护装置的动作电流整定值。

② 速断保护　速断保护的动作电流应按躲过变压器二次侧 380V 低压母线三相短路电流的换算值 $I_{k.max}^{(2)}$ 来整定，即

$$I_{qb}=\frac{K_{co}K_W}{K_{TA}}I_{k.max}^{(3)}$$

式中，$I_{k.max}^{(3)}$ 由变压器低压侧 380V 母线三相短路电流除以变压器变比来求得。

速断保护灵敏度按该变压器 10kV 侧发生两相短路电流值来检验，计算公式为

$$S_p=\frac{K_W I_{k-2}^{(3)}}{K_{TA}I_{qb}}\geqslant1.5$$

至于备用电源进线保护、10kV 母线保护等继电保护整定计算，因篇幅关系从略。

小　结

工厂供电系统设计必须遵循国家的各项方针政策，设计方案必须符合国家标准中的有关规定，力争做到技术先进、安全可靠和经济合理。

工厂供电系统电气设计的基本内容包括：变配电所设计、配电线路设计和电气照明设计。

习题 6

6-1　工厂供电系统设计必须遵循哪些基本的设计原则？

6-2　简述工厂供配电系统电气设计的主要内容？

6-3　工厂供电系统设计分哪些阶段？各阶段设计的基本任务是什么？

附录1 工厂供电常用技术数据表

一、工厂供电常用技术数据表

附表1 用电设备组的需要系数、二项式系数及功率因数值

用 电 设 备 组 名 称	需要系数 K_d	二项式系数 b	二项式系数 c	最大容量设备台数 x①	$\cos\varphi$	$\tan\varphi$
小批生产的金属冷加工机床电动机	0.16~0.2	0.14	0.4	5	0.5	1.73
大批生产的金属冷加工机床电动机	0.18~0.25	0.14	0.5	5	0.5	1.73
小批生产的金属热加工机床电动机	0.25~0.3	0.24	0.4	5	0.6	1.33
大批生产的金属热加工机床电动机	0.3~0.35	0.26	0.5	5	0.65	1.17
通风机、水泵、空压机及电动发电机组电动机	0.7~0.8	0.65	0.25	5	0.8	0.75
非连锁的连续运输机械及铸造车间整砂机械	0.5~0.6	0.4	0.2	5	0.75	0.88
连锁的连续运输机械及铸造车间整砂机械	0.65~0.7	0.6	0.2	5	0.75	0.83
锅炉房和机加工、机修、装配等类车间的吊车($\varepsilon=25\%$)	0.1~0.15	0.06	0.2	3	0.5	1.73
铸造车间的吊车($\varepsilon=25\%$)	0.15~0.25	0.09	0.2	3	0.5	1.73
自动连续装料的电阻炉设备	0.75~0.8	0.7	0.3	2	0.95	0.33
实验室用的小型电热设备(电阻炉、干燥箱等)	0.7	0.7	0		1.0	0
工频感应电炉(未带无功补偿设备)	0.8				0.35	2.67
高频感应电炉(未带无功补偿设备)	0.8				0.6	1.33
电弧熔炉	0.9				0.87	0.57
点焊机、缝焊机	0.35				0.6	1.33
对焊机、铆钉加热机	0.35				0.7	1.02
自动弧焊变压器	0.5				0.4	2.29
单头手动弧焊变压器	0.35				0.35	2.68
多头手动弧焊变压器	0.4				0.35	2.68
单头弧焊电动发电机组	0.35				0.6	1.33
多头弧焊电动发电机组	0.7				0.75	0.88
生产厂房及办公室、阅览室、实验室照明②	0.8~1				1.0	0
变配电所、仓库照明②	0.5~0.7				1.0	0
宿舍(生活区)照明②	0.6~0.8				1.0	0
室外照明,事故照明②	1				1.0	0

① 如果用电设备组的设备总台数 $n<2x$ 时，则取 $x=n/2$，月按"四舍五入"的修约规则取其整数。

② 这里的 $\cos\varphi$ 和 $\tan\varphi$ 值均为白炽灯照明的数值，如为荧光灯照明，则取 $\cos\varphi=0.9$，$\tan\varphi=0.48$；如为高压汞灯或钠灯，则取 $\cos\varphi=0.5$，$\tan\varphi=1.73$。

附表2 部分工厂的全厂需要系数、功率因数及年最大有功负荷利用小时参考值

工 厂 名 称	需要系数	功率因数	年最大有功负荷利用小时数	工 厂 名 称	需要系数	功率因数	年最大有功负荷利用小时数
汽轮机制造厂	0.38	0.88	5000	量具刃具制造厂	0.26	0.60	3800
锅炉制造厂	0.27	0.73	4500	工具制造厂	0.34	0.65	3800
柴油机制造厂	0.32	0.74	4500	电机制造厂	0.33	0.65	3000
重型机械制造厂	0.35	0.79	3700	电器开关制造厂	0.35	0.75	3400
重型机床制造厂	0.32	0.71	3700	电线电缆制造厂	0.35	0.73	3500
机床制造厂	0.20	0.65	3200	仪器仪表制造厂	0.37	0.81	3500
石油机械制造厂	0.45	0.78	3500	滚珠轴承制造厂	0.28	0.70	5800

附表 3　SL7 系列低损耗电力变压器的主要技术数据

额定容量 S_N/(kV·A)	空载损耗 ΔP_0/W	短路损耗 ΔP_k/W	阻抗电压 U_z%	空载电流 I_0%	额定容量 S_N/(kV·A)	空载损耗 ΔP_0/W	短路损耗 ΔP_k/W	阻抗电压 U_z%	空载电流 I_0%
100	320	2000	4	2.6	500	1080	6900	4	2.1
125	370	2450	4	2.5	630	1300	8100	4.5	2.0
160	460	2850	4	2.4	800	1540	9900	4.5	1.7
200	540	3400	4	2.4	1000	1800	11600	4.5	1.4
250	640	4000	4	2.3	1250	2200	13800	4.5	1.4
315	760	4800	4	2.3	1600	2650	16500	4.5	1.3
400	920	5800	4	2.1	2000	3100	19800	5.5	1.2

注：1. 电力变压器的一次额定电压为 6～10kV，二次额定电压为 400/230V，连接组均为 Y，yn0。

2. 电力变压器全型号的表示和含义

SL7-800/10

三相变压器————　　　　————高压侧额定电压 /kV
铝绕组————　　　　————额定容量 /(kV·A)
设计序号————

附表 4　S9 系列低损耗电力变压器的主要技术数据

额定容量 /(kV·A)	额定电压/kV 一次	额定电压/kV 二次	连接组标号	损耗/W 空载	损耗/W 负载	空载电流 /%	阻抗电压/%
30	11,10.5,10,6.3,6	0.4	Yyn0	130	600	2.1	4
50	11,10.5,10,6.3,6	0.4	Yyn0	170	870	2.0	4
50	11,10.5,10,6.3,6	0.4	Dyn11	175	870	4.5	4
63	11,10.5,10,6.3,6	0.4	Yyn0	200	1040	1.9	4
63	11,10.5,10,6.3,6	0.4	Dyn11	210	1030	4.5	4
80	11,10.5,10,6.3,6	0.4	Yyn0	240	1250	1.8	4
80	11,10.5,10,6.3,6	0.4	Dyn11	250	1240	4.5	4
100	11,10.5,10,6.3,6	0.4	Yyn0	290	1500	1.6	4
100	11,10.5,10,6.3,6	0.4	Dyn11	300	1470	4.0	4
125	11,10.5,10,6.3,6	0.4	Yyn0	340	1800	1.6	4
125	11,10.5,10,6.3,6	0.4	Dyn11	360	1720	4.0	4
160	11,10.5,10,6.3,6	0.4	Yyn0	400	2200	1.4	4
160	11,10.5,10,6.3,6	0.4	Dyn11	430	2100	3.5	4
200	11,10.5,10,6.3,6	0.4	Yyn0	480	2600	1.3	4
200	11,10.5,10,6.3,6	0.4	Dyn11	500	2500	3.5	4
250	11,10.5,10,6.3,6	0.4	Yyn0	560	3050	1.2	4
250	11,10.5,10,6.3,6	0.4	Dyn11	600	2900	3.0	4
315	11,10.5,10,6.3,6	0.4	Yyn0	670	3650	1.1	4
315	11,10.5,10,6.3,6	0.4	Dyn11	720	3450	3.0	4
400	11,10.5,10,6.3,6	0.4	Yyn0	800	4300	1.0	4
400	11,10.5,10,6.3,6	0.4	Dyn11	870	4200	3.0	4
500	11,10.5,10,6.3,6	0.4	Yyn0	960	5100	1.0	4
500	11,10.5,10,6.3,6	0.4	Dyn11	1030	4950	3.0	4
500	11,10.5,10	6.3	Yd11	1030	4950	1.5	4.5
630	11,10.5,10,6.3,6	0.4	Yyn0	1200	6200	0.9	4.5
630	11,10.5,10,6.3,6	0.4	Dyn11	1300	5800	1.0	5
630	11,10.5,10	6.3	Yd11	1200	6200	1.5	4.5
800	11,10.5,10,6.3,6	0.4	Yyn0	1400	7500	0.8	4.5
800	11,10.5,10,6.3,6	0.4	Dyn11	1400	7500	2.5	5
800	11,10.5,10	6.3	Yd11	1400	7500	1.4	5.5
1000	11,10.5,10,6.3,6	0.4	Yyn0	1700	10300	0.7	4.5
1000	11,10.5,10,6.3,6	0.4	Dyn11	1700	9200	1.7	5
1000	11,10.5,10	6.3	Yd11	1700	9200	1.4	5.5

额定容量 /(kV·A)	额定电压 kV			联接组标号	损耗/W		空载电流 /%	阻抗电压/%
	一 次		二次		空载	负载		
1250	11，10.5，10，6.3，6		0.4	Yyn0	1950	12000	0.6	4.5
			0.4	Dyn11	2000	11000	2.5	5
	11，10.5，10		6.3	Yd11	1950	12000	1.3	5.5
1600	11，10.5，10，6.3，6		0.4	Yyn0	2400	14500	0.6	4.5
			0.4	Dyn11	2400	14000	2.5	6
	11，10.5，10		6.3	Yd11	2400	14500	1.3	5.5
2000	11，10.5，10，6.3，6		0.4	Yyn0	3000	18000	0.8	6
			0.4	Dyn11	3000	18000	0.8	6
	11，10.5，10		6.3	Yd11	3000	18000	1.2	6
2500	11，10.5，10，6.3，6		0.4	Yyn0	3500	25000	0.8	6
			0.4	Dyn11	3500	25000	0.8	6
	11，10.5，10		6.3	Yd11	3500	19000	1.2	5.5
3150	11，10.5，10		6.3	Yd11	4100	23000	1.0	5.5
4000	11，10.5，10		6.3	Yd11	5000	26000	1.0	5.5
5000	11，10.5，10		6.3	Yd11	6000	30000	0.9	5.5
6300	11，10.5，10		6.3	Yd11	7000	35000	0.9	5.5
50	35		0.4	Yyn0	250	1180	2.0	6.5
100	35		0.4	Yyn0	350	2100	1.9	6.5
125	35		0.4	Yyn0	400	1950	2.0	6.5
160	35		0.4	Yyn0	450	2800	1.8	6.5
200	35		0.4	Yyn0	530	3300	1.7	6.5
250	35		0.4	Yyn0	610	3900	1.6	6.5
315	35		0.4	Yyn0	720	4700	1.5	6.5
400	35		0.4	Yyn0	880	5700	1.4	6.5
500	35		0.4	Yyn0	1030	6900	1.3	6.5
630	35		0.4	Yyn0	1250	8200	1.2	6.5
800	35		0.4	Yyn0	1480	9500	1.1	6.5
			10.5 6.3 3.15	Yd11	1480	8800	1.1	6.5
1000	35		0.4	Yyn0	1750	12000	1.0	6.5
			10.5 6.3 3.15	Yd11	1750	11000	1.0	6.5
1250	35		0.4	Yyn0	2100	14500	0.9	6.5
			10.5 6.3 3.15	Yd11	2100	14500	0.9	6.5
1600	35		0.4	Yyn0	2500	17500	0.8	6.5
			10.5 6.3 3.15	Yd11	2500	16500	0.8	6.5
2000	35		10.5 6.3	Yd11	3200	16800	0.8	6.5
2500	35		3.15	Yd11	3800	19500	0.8	6.5
3150	38.5，35		10.5 6.3 3.15	Yd11	4500	22500	0.8	7
4000					5400	27000	0.8	7
5000					6500	31000	0.7	7
6300					7900	34500	0.7	7.5

附表 5　10kV 电力变压器的主要技术数据

型号及容量 /(kV·A)	低压侧额定电压 /kV	连 接 组	损耗/kW		阻抗电压 /%	空载电流 /%	总重 /t	轧距 /mm
			空载	短路				
SJL₁-20	0.4	Y/Y₀-12	0.12	0.59	4	8	0.2	
SJL₁-30	0.4	Y/Y₀-12	0.16	0.83	4	6.6	0.26	
SJL₁-40	0.4	Y/Y₀-12	0.19	0.98	4	4.7	0.3	
SJL₁-50	0.4	Y/Y₀-12	0.22	1.15	4	5.4	0.34	
AJL₁-63	0.4	Y/Y₀-12	0.26	1.4	4	4.6	0.43	
SJL₁-80	0.4	Y/Y₀-12	0.31	1.7	4	4.2	0.48	
SJL₁-100	0.4	Y/Y₀-12	0.35	2.1	4	3.8	0.57	
SJL₁-125	0.4	Y/Y₀-12	0.42	2.4	4	3.2	0.68	
SJL₁-160	0.4	Y/Y₀-12	0.5	2.9	4	3.0	0.81	550
SJL₁-200	0.4	Y/Y₀-12	0.58	3.6	4	2.8	0.94	550
SJL₁-250	0.4	Y/Y₀-12	0.68	4.1	4	2.6	1.1	550
SJL₁-315	0.4	Y/Y₀-12	0.8	5	4	2.4	1.3	550
SJL₁-400	0.4	Y/Y₀-12	0.93	6	4	2.3	1.5	660
SJL₁-500	0.4	Y/Y₀-12	1.1	7.1	4	2.1	1.82	660
SJL₁-630	0.4	Y/Y₀-12	1.3	8.4	4	2.0	2	660
SJL₁-800	0.4	Y/Y₀-12	1.7	11.5	4.5	1.9	2.9	820
SJL₁-1000	0.4	Y/Y₀-12	2.0	13.7	4.5	1.7	3.44	820
SJL₁-1250	0.4	Y/Y₀-12	2.35	16.4	4.5	1.6	4.0	820
SJL₁-1600	6.3	Y/△-11	2.85	20	5.5	1.5	4.72	820
SJL₁-2000	6.3	Y/△-11	3.3	24	5.5	1.4	5.4	1070
SJL₁-2500	6.3	Y/△-11	3.9	27.5	5.5	1.3	6.3	1070
SJL₁-3150	6.3	Y/△-11	4.6	33	5.5	1.2	7.2	1070
SJL₁-4000	6.3	Y/△-11	5.5	39	5.5	1.1	8.6	1070
SJL₁-5000	6.3	Y/△-11	6.5	45	5.5	1.1	10.2	1070
AJL₁-6300	6.3	Y/△-11	7.9	52	5.5	1.0	11.85	1070
SJL₁-8000	6.3	Y/△-11	9.4	70	10	0.85	13.7	1435
SJL₁-10000	6.3	Y/△-11	11.2	92	12	0.8	16.7	1435
SJL-20	0.4	Y/Y₀-12	0.2	0.6	4.5	10	0.25	
SJL-30	0.4	Y/Y₀-12	0.27	0.84	4.5	9	0.32	
SJL-50	0.4	Y/Y₀-12	0.39	1.3	4.5	8	0.43	
SJL-100	0.4	Y/Y₀-12	0.65	2.3	4.5	7.5	0.69	
SJL-1000	0.4	Y/Y₀-12	4.1	14	4.5	5	4.3	
SJL-1000	6.3	Y/△-11	4.1	14	5.5	5	4.2	
SF-10000	6.3	Y/△-11	12	100	12			
SJL-75	0.4	Y/Y₀-12	0.51	1.7	4.5	7.5	0.46	
SJL-180	0.4	Y/Y₀-12	0.95	3.6	4.5	7	1.07	660
SJL-240	0.4	Y/Y₀-12	1.28	4.5	4.5	7	1.26	660
SJL-320	0.4	Y/Y₀-12	1.4	5.7	4.5	7	1.59	660
SJL-420	0.4	Y/Y₀-12	1.7	7.05	4.5	6.5	1.84	820
SJL-560	0.4	Y/Y₀-12	2.25	8.6	4.5	6	2.33	820
SJL-750	0.4	Y/Y₀-12	3.35	11.5	4.5	6	3.62	820
SJL-1800	0.4	Y/Y₀-12	6.0	22	4.5	4.5	6.77	1070
SJL-1800	6.3	Y/△-11	6.0	22	5.5	4.5	6.17	1070
SJL-3200	6.3	Y/△-11	9.1	34	5.5	4.0	10.53	
SJL-5600	6.3	Y/△-11	13.6	53	5.5	4.0	15.5	
SFL-7500	6.3	Y/△-11	9.3	66.1	10	0.9		
SFL-15000	6.3	Y/△-11	14.3	116	10.5	0.8	20.9	

注: 1. 8000、10000kV 变压器有 SFL₁、SSPL₁ 两种新型号。
2. 10kV 变压器低压侧额定电压有 0.4kV、3.15kV、6.3kV 三种，3.15kV、6.3kV 的变压器参数相同，只写出 6.3kV 的为代表。

附表 6　35kV 电力变压器的主要技术数据

型号及容量 /kV·A	低压侧额定 电压/kV	连 接 组	损耗/kW		阻抗电压 /%	空载电流 /%	总重 /t
			空 载	短 路			
SJL₁-50	0.4	Y/Y₀-12	0.3	1.1	0.5	6.5	0.75
SJL₁-100	0.4	Y/Y₀-12	0.43	2.5	6.5	3.53	1.03
SJL₁-160	0.4	Y/Y₀-12	0.59	3.6	6.5	2.8	1.3
SJL₁-250	0.4	Y/Y₀-12	0.8	4.8	6.5	2.3	1.73
SJL₁-400	0.4	Y/Y₀-12	1.1	6.9	6.5	1.69	2.15
SJL₁-630	0.4	Y/Y₀-12	1.57	9.7	6.5	1.91	2.76
SJL₁-1000	0.4	Y/Y₀-12	2.2	14	6.5	1.5	4.08
SJL₁-1600	0.4	Y/Y₀-12	2.9	20.3	6.5	1.2	5.15
SJL₁-160	10.5	Y/△-11	0.64	3.8	6.5	2.8	1.46
SJL₁-200	10.5	Y/△-11	0.76	4.4	6.5	2.5	1.7
SJL₁-250	10.5	Y/△-11	0.88	5.0	6.5	2.3	1.9
SJL₁-315	10.5	Y/△-11	1.03	6.1	6.5	2.1	2.11
SJL₁-400	10.5	Y/△-11	1.2	7.2	6.5	1.89	2.4
SJL₁-500	10.5	Y/△-11	1.43	8.4	6.5	1.65	2.91
SJL₁-630	10.5	Y/△-11	1.7	9.7	6.5	1.87	3.21
SJL₁-800	10.5	Y/△-11	1.9	11.7	6.5	1.58	3.7
SJL₁-1000	10.5	Y/△-11	2.2	14	6.5	1.5	4.17
SJL₁-1250	10.5	Y/△-11	2.6	17	6.5	1.3	4.67
SJL₁-1600	10.5	Y/△-11	3.07	20	6.5	1.36	5.47
SJL₁-2000	10.5	Y/△-11	3.6	24	6.5	1.2	6.3
SJL₁-2500	10.5	Y/△-11	4.2	27.9	6.5	1.2	7.04
SJL₁-3150	10.5	Y/△-11	5.0	33	7	1.1	8.33
SJL₁-4000	10.5	Y/△-11	5.9	39	7	0.9	9.56
SJL₁-5000	10.5	Y/△-11	6.9	45	7	0.9	11.2
SJL₁-6300	10.5	Y/△-11	8.2	52	7.5	0.7	12.82
SFL₁-7500	10.5	Y/△-11					
SFL₁-8000	11	Y/△-11	11	57	7.5	1.5	11.75
SFL₁-10000	11	Y/△-11	11.8	68	7.5	1.5	13.65
SFL₁-15000	11	Y/△-11	16.1	92	8	1.0	20.1
SFL₁-1600	11	Y/△-11					
SFL₁-20000	11	Y/△-11	22	115	8	1.0	30.1
SFL₁-31500	11	Y/△-11	30	117	8	0.7	40.5
SSPL₁-10000Y	6.3	Y₀/△-11	12	70	7.5	1.5	15.5
SSPL-60000	10.5	Y₀/△-11			8.5		51.5

　　注：35kV 变压器低压侧额定电压有 0.4kV、3.15kV（3.3kV）、6.3kV（6.6kV）、10.5kV（11kV）四种，3.15kV（3.3kV）、6.3kV（6.6kV）、10.5kV（11kV）的变压器参数相同，只写出 10.5kV（11kV）的为代表。1600kV·A 以上容量变压器，高压侧额定电压有 35kV（降压变）、38.5kV（升压变）两种。

附表 7　并联电容器的无功补偿率

补偿前的 功率因数	补偿后的功率因数				补偿前的 功率因数	补偿后的功率因数			
	0.85	0.90	0.95	1.00		0.85	0.90	0.95	1.00
0.60	0.713	0.849	1.004	1.333	0.76	0.235	0.371	0.526	0.85
0.62	0.646	0.782	0.937	1.266	0.78	0.182	0.318	0.473	0.80
0.64	0.581	0.717	0.872	1.206	0.80	0.130	0.266	0.421	0.75
0.66	0.518	0.654	0.809	1.138	0.82	0.078	0.214	0.369	0.69
0.68	0.458	0.594	0.749	1.078	0.84	0.026	0.162	0.317	0.64
0.70	0.400	0.536	0.691	1.020	0.86	—	0.109	0.264	0.59
0.72	0.344	0.480	0.635	0.964	0.88	—	0.056	0.211	0.54
0.74	0.289	0.425	0.580	0.909	0.90	—	0.000	0.155	0.48

附表 8　BW 型并联电容器的主要技术数据

型　　号	额定容量/kvar	额定电容/μF	型　　号	额定容量/kvar	额定电容/μF
BW0.4-12-1	12	240	BWF6.3-30-1W	30	2.4
BW0.4-12-3	12	240	BWF6.3-40-1W	40	3.2
BW0.4-13-1	13	259	BWF6.3-50-1W	50	4.0
BW0.4-13-3	13	259	BWF6.3-100-1W	100	8.0
BW0.4-14-1	14	280	BWF6.3-120-1W	120	9.63
BW0.4-14-3	14	280	BWF10.5-22-1W	22	0.64
BW6.3-12-1TH	12	0.964	BWF10.5-25-1W	25	0.72
BW6.3-12-1W	12	0.96	BWF10.5-30-1W	30	0.87
BW6.3-16-1W	16	1.28	BWF10.5-40-1W	40	1.15
BW10.5-12-1W	12	0.35	BWF10.5-50-1W	50	1.44
BW10.5-16-1W	16	0.46	BWF10.5-100-1W	100	2.89
BWF6.3-22-1W	22	1.76	BWF10.5-120-1W	120	3.47
BWF6.3-25-1W	25	2.0			

注：1. 额定频率均为 50Hz；

2. 并联电容器全型号表示和含义：

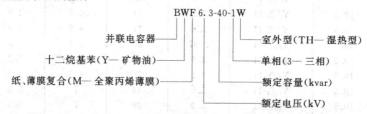

BWF 6.3-40-1W

并联电容器
十二烷基苯（Y— 矿物油）
纸、薄膜复合（M— 全聚丙烯薄膜）
室外型（TH— 湿热型）
单相（3— 三相）
额定容量（kvar）
额定电压（kV）

附表 9　LJ 型铝绞线、LGJ 型钢芯铝绞线和 LMY 型硬铝母线的主要技术数据

1. LJ 型铝绞线的主要技术数据

额定截面/mm²		16	25	35	50	70	95	120	150	185	240
50℃时电阻/(Ω·km⁻¹)		2.07	1.33	0.96	0.66	0.48	0.36	0.28	0.23	0.18	0.14
线间几何均距/mm		线路电抗/(Ω·km⁻¹)									
	600	0.36	0.35	0.34	0.33	0.32	0.31	0.30	0.29	0.28	0.28
	800	0.38	0.37	0.36	0.35	0.34	0.33	0.32	0.31	0.30	0.30
	1000	0.40	0.38	0.37	0.36	0.35	0.34	0.33	0.32	0.31	0.31
	1250	0.41	0.40	0.39	0.37	0.36	0.35	0.34	0.34	0.33	0.32
	1500	0.42	0.41	0.40	0.38	0.37	0.36	0.35	0.35	0.34	0.33
	2000	0.44	0.43	0.41	0.40	0.40	0.38	0.37	0.37	0.36	0.35
导线温度	环境温度/℃	允许持续载流量/A									
	20	110	142	179	226	278	341	394	462	525	641
	25	105	135	170	215	265	325	375	440	500	610
70℃ （室外架设）	30	98.7	127	160	202	249	306	353	414	470	573
	35	93.5	120	151	191	236	289	334	392	445	543
	40	86.1	111	139	176	217	267	308	361	410	500
备　　注	1. 线间几何均距 $a_{av}=\sqrt[3]{a_1 a_2 a_3}$，式中 a_1、a_2、a_3 为三相导线的各相之间的线间距离。三相导线正三角形排列时，$a_{av}=a$；三相导线等距水平排列时，$a_{av}=1.26a$ 2. 铜绞线 TJ 的电阻约为同截面 LJ 电阻的 61%；TJ 的电抗与 LJ 同。TJ 的载流量约为同截面 LJ 载流量的 1.29 倍										

续表

2. LGJ 型钢芯铝线的主要技术数据

额定截面/mm²	35	50	70	95	120	150	185	240
铝线实际截面/mm²	34.9	48.3	68.1	94.4	116	149	181	239
铝股数/钢股数/外径(单位为 mm)	6/1/8.16	6/1/9.60	6/1/11.4	26/7/13.6	26/7/15.1	26/7/17.1	26/7/18.9	26/7/21.7
50℃时电阻/(Ω·km⁻¹)	0.89	0.68	0.48	0.35	0.29	0.24	0.18	0.15

线间几何均距/mm	线路电抗/(Ω·km⁻¹)							
1500	0.39	0.38	0.37	0.35	0.35	0.34	0.33	0.33
2000	0.40	0.39	0.38	0.37	0.37	0.36	0.35	0.34
2500	0.41	0.41	0.40	0.39	0.38	0.37	0.37	0.36
3000	0.43	0.42	0.41	0.10	0.39	0.39	0.38	0.37
3500	0.44	0.43	0.42	0.11	0.40	0.40	0.39	0.38
4000	0.45	0.44	0.43	0.12	0.41	0.41	0.40	0.39

额定截面/mm²	35	50	70	95	120	150	185	240

导线温度	环境温度/℃	允许持续载流量/A							
70℃(室外架设)	20	179	231	289	352	399	467	541	641
	25	170	220	275	335	380	445	515	610
	30	159	207	259	315	357	418	484	574
	35	149	193	228	295	335	391	453	536
	40	137	178	222	272	307	360	416	494

3. LMY 型涂漆矩形硬铝母线的主要技术数据

母线截面 (宽/mm × 厚/mm)	65℃时电阻/(Ω·km⁻¹)	相间距离为250mm 时电抗/(Ω·km⁻¹)		母线竖放时的允许持续载流量/A (导线温度70℃)			
				环境温度			
		竖 放	平 放	25℃	30℃	35℃	40℃
25×3	0.47	0.24	0.22	265	249	233	215
30×4	0.29	0.21	0.21	365	343	321	296
40×4	0.22	0.21	0.19	480	451	422	389
40×5	0.18	0.21	0.19	540	507	475	438
50×5	0.14	0.20	0.17	665	625	585	539
50×6	0.12	0.20	0.17	740	695	651	600
60×6	0.10	0.19	0.16	870	818	765	705
80×6	0.076	0.17	0.15	1150	1080	1010	932
100×6	0.062	0.16	0.13	1425	1340	1255	1155
60×8	0.076	0.19	0.16	1025	965	902	831
80×8	0.059	0.17	0.15	1320	1240	1160	1070
100×8	0.048	0.16	0.13	1625	1530	1430	1315
120×8	0.041	0.16	0.12	1900	1785	1670	1540
60×10	0.062	0.18	0.16	1155	1085	1016	936
80×10	0.048	0.17	0.14	1480	1390	1300	1200
100×10	0.040	0.16	0.13	1820	1710	1600	1475
120×10	0.035	0.16	0.12	2070	1945	1820	1680
备 注	本表母线载流量系母线竖放时的数据。如母线平放,且宽度大于 60mm 时,表中数据应乘以 0.92;如母线平放,且宽度不大于 60mm 时,表中数据应乘以 0.95						

附表 10　电力电缆的电阻和电抗值

额定截面/mm²	电阻/(Ω·km⁻¹)								电抗/(Ω·km⁻¹)					
	铝芯电缆				铜芯电缆				纸绝缘电缆			塑料电缆		
	缆芯工作温度/℃								额定电压/kV					
	55	60	75	80	55	60	75	80	1	6	10	1	6	10
2.5	—	14.38	15.13	—	8.54	8.98	—		0.098	—	—	0.100	—	—
4	—	8.99	9.45	—	5.34	5.61	—		0.091	—	—	0.093	—	—
6	—	6.00	6.31	—	3.56	3.75	—		0.087	—	—	0.091	—	—
10	—	3.60	3.78	—	2.13	2.25	—		0.081	—	—	0.087	—	—
16	2.21	2.25	2.36	2.40	1.31	1.33	1.40	1.43	0.077	0.099	0.110	0.082	0.124	0.133
25	1.41	1.44	1.51	1.54	0.84	0.85	0.90	0.91	0.067	0.088	0.098	0.075	0.111	0.120
35	1.01	1.03	1.08	1.10	0.60	0.61	0.64	0.65	0.065	0.083	0.092	0.073	0.105	0.113
50	0.71	0.72	0.76	0.77	0.42	0.43	0.45	0.46	0.063	0.079	0.087	0.071	0.099	0.107
70	0.51	0.52	0.54	0.56	0.30	0.31	0.32	0.33	0.062	0.076	0.083	0.070	0.093	0.101
95	0.37	0.38	0.40	0.41	0.22	0.23	0.24	0.24	0.062	0.074	0.080	0.070	0.089	0.096
120	0.29	0.30	0.31	0.32	0.17	0.18	0.19	0.19	0.062	0.072	0.078	0.070	0.087	0.095
150	0.24	0.24	0.25	0.26	0.14	0.14	0.15	0.15	0.062	0.071	0.077	0.070	0.085	0.093
185	0.20	0.20	0.21	0.22	0.12	0.12	0.12	0.13	0.062	0.070	0.075	0.070	0.082	0.090
240	0.15	0.16	0.16	0.17	0.09	0.09	0.10	0.11	0.062	0.069	0.073	0.070	0.080	0.087

注：1. 表中塑料电缆包括聚氯乙烯绝缘电缆和交联电缆。

2. 1kV 级 4～5 芯电缆的电阻和电抗值可近似地取用同级 3 芯电缆的电阻和电抗值（本表为三芯电缆值）。

附表 11　室内明敷和穿管的绝缘导线的电阻和电抗值

导线线芯额定截面/mm²	电阻/(Ω·km⁻¹)				电抗/(Ω·km⁻¹)					
	导线温度				明敷线距/mm				导线穿管	
	50℃		60℃		100		150			
	铝芯	铜芯	铝芯	铜芯	铝芯	铜芯	铝芯	铜芯	铝芯	铜芯
1.5	—	14.00	—	14.50	—	0.312	—	0.368	—	0.138
2.5	13.33	8.40	13.80	8.70	0.327	0.327	0.353	0.353	0.127	0.127
4	8.25	5.20	8.55	5.38	0.312	0.312	0.338	0.338	0.119	0.119
6	5.53	3.48	5.75	3.61	0.300	0.300	0.325	0.325	0.112	0.112
10	3.33	2.05	3.45	2.12	0.280	0.280	0.306	0.306	0.108	0.108
16	2.08	1.25	2.16	1.30	0.265	0.265	0.290	0.290	0.102	0.102
25	1.31	0.81	1.36	0.84	0.251	0.251	0.277	0.277	0.099	0.099
35	0.94	0.58	0.97	0.60	0.241	0.241	0.266	0.266	0.095	0.095
50	0.65	0.40	0.67	0.41	0.229	0.229	0.251	0.251	0.091	0.091
70	0.47	0.29	0.49	0.30	0.219	0.219	0.242	0.242	0.088	0.088
95	0.35	0.22	0.36	0.23	0.206	0.206	0.231	0.231	0.085	0.085
120	0.28	0.17	0.29	0.18	0.199	0.199	0.223	0.223	0.082	0.082
150	0.22	0.14	0.23	0.14	0.191	0.191	0.216	0.216	0.082	0.082
185	0.18	0.11	0.19	0.12	0.184	0.181	0.299	0.209	0.081	0.081
240	0.14	0.09	0.14	0.09	0.178	0.178	0.200	0.200	0.080	0.080

附表 12　架空裸导线的最小截面

| 线路类别 | | 导线最小截面/mm² | | |
		铝及铝合金线	钢芯铝线	钢绞线
35kV 及以上线路		35	35	35
3～10kV 线路	居民区	35	25	25
	非居民区	25	16	16
低压线路	一般	16	16	16
	与铁路交叉跨越档	35	16	16

附表13　绝缘导线芯线的最小截面

线 路 类 别			芯线最小截面/mm²		
			铜芯软线	铜 线	铝 线
照明用灯头引下线	室　内		0.5	1.0	2.5
	室　外		1.0	1.0	2.5
移动式设备线路	生活用		0.75	—	—
	生产用		1.0	—	—
敷设在绝缘支持件上的绝缘导线,(L 为支持点间距)	室内	L≤2mm	—	1.0	2.5
	室外	L≤2mm	—	1.5	2.5
	室内外	2m<L≤6m	—	2.5	4
		6m<L≤15m	—	4	6
		15m<L≤25m	—	6	10
穿管敷设的绝缘导线			1.0	1.0	2.5
沿墙明敷的塑料护套线			—	1.0	2.5
板孔穿线敷设的绝缘导线			—	1.0(0.75)	2.5
PE 线和 PEN 线	有机械保护时		—	1.5	2.5
	无机械保护时	多芯线	—	2.5	4
		单芯干线	—	10	16

附表14　绝缘导线明敷、穿钢管和穿硬塑料管时的允许载流量

1. BLX 和 BLV 型铝芯绝缘线明敷时的允许载流量(导线正常最高允许温度为 65℃)/A

芯线截面/mm²	BLX 型铝芯橡皮线				BLV 型铝芯塑料线			
	环 境 温 度							
	25℃	30℃	35℃	40℃	25℃	30℃	35℃	40℃
2.5	27	25	23	21	25	23	21	19
4	35	32	30	27	32	29	27	25
6	45	42	38	35	42	39	36	33
10	65	60	56	51	59	55	51	46
16	85	79	73	67	80	71	69	63
25	110	102	95	87	105	98	90	83
35	138	129	119	109	130	121	112	102
50	175	163	151	138	165	151	142	130
70	220	206	190	174	205	191	177	162
95	265	247	229	209	250	233	216	197
120	310	280	268	245	283	266	246	225
150	360	336	311	284	325	303	281	257
185	420	392	363	332	380	355	328	300
240	510	476	441	403	—	—	—	—

2. BLX 和 BLV 型铝芯绝缘线穿钢管时的允许载流量(导线正常最高允许温度为 65℃)/A

导线型号	芯线截面/mm²	2 根单芯线				2 根穿管管径/mm		3 根单芯线				3 根穿管管径/mm		4~5 根单芯线				4 根穿管管径/mm		5 根穿管管径/mm	
		环境温度						环境温度						环境温度							
		25℃	30℃	35℃	40℃	G	DG	25℃	30℃	35℃	40℃	G	DG	25℃	30℃	35℃	40℃	G	DG	G	DG
BLX	2.5	21	19	18	16	15	20	19	17	16	15	15	20	16	14	13	12	20	25	20	25
	4	28	26	24	22	20	25	25	23	21	19	20	25	23	21	19	18	20	25	20	25
	6	37	34	32	29	20	25	34	31	29	26	20	25	28	25	23	23	20	25	25	32
	10	52	48	44	41	25	32	46	43	39	36	25	32	40	37	34	31	25	32	32	40
	16	66	61	57	52	25	32	59	55	51	46	32	32	52	48	44	41	32	40	40	(50)
	25	86	80	74	68	32	40	76	71	65	60	32	40	68	63	58	53	40	(50)	40	—
	35	106	99	91	83	32	40	94	87	81	74	32	(50)	88	77	71	65	40	(50)	50	—
	50	133	124	115	105	40	(50)	118	110	102	93	50	(50)	105	98	90	83	50	—	70	—

续表

2. BLX 和 BLV 型铝芯绝缘线穿钢管时的允许载流量（导线正常最高允许温度为 65℃）/A

导线型号	芯线截面/mm²	2根单芯线 环境温度				2根穿管管径/mm		3根单芯线 环境温度				3根穿管管径/mm		4~5根单芯线 环境温度				4根穿管管径/mm		5根穿管管径/mm	
		25℃	30℃	35℃	40℃	G	DG	25℃	30℃	35℃	40℃	G	DG	25℃	30℃	35℃	40℃	G	DG	G	DG
BLX	70	164	154	142	130	50	(50)	150	140	129	118	50	(50)	133	124	115	105	70	—	70	—
	95	200	187	173	158	70	—	180	168	155	142	70	—	160	149	138	126	70	—	80	—
	120	230	215	198	181	70	—	210	196	181	166	70	—	190	177	164	150	70	—	80	—
	150	260	243	224	205	70	—	240	224	207	189	70	—	220	205	190	174	80	—	100	—
	185	295	275	255	233	80	—	270	252	233	213	80	—	250	233	216	197	80	—	100	—
BLV	2.5	20	18	17	15	15	15	18	16	15	14	15	15	15	14	12	11	15	15	15	20
	4	27	25	23	21	15	15	24	22	20	18	15	15	22	20	19	17	15	20	20	20
	6	35	32	30	27	15	20	32	29	27	25	15	20	28	26	24	22	20	25	25	25
	10	49	45	42	38	20	25	44	41	38	34	20	25	38	35	32	30	25	25	25	32
	16	63	58	54	49	25	25	56	52	48	44	25	32	50	46	43	39	25	32	32	40
	25	80	74	69	63	25	32	70	65	60	55	32	32	65	60	56	51	32	40	32	(50)
	35	100	93	86	79	32	40	90	84	77	71	32	40	80	74	69	63	40	(50)	40	—
	50	125	116	108	98	40	50	110	102	95	87	40	(50)	100	93	86	79	50	(50)	50	—
	70	155	141	134	122	50	50	143	133	123	113	40	(50)	127	118	109	100	50	—	70	—
	95	190	177	164	150	50	(50)	170	158	147	134	50	—	152	142	131	120	70	—	70	—
	120	220	205	190	174	50	(50)	195	182	168	154	50	—	172	160	148	136	70	—	80	—
	150	250	233	216	197	70	(50)	225	210	194	177	70	—	200	187	173	158	70	—	80	—
	185	285	266	246	225	70	—	255	238	220	201	70	—	230	215	198	181	80	—	100	—

3. BLX 和 BLV 型铝芯绝缘线穿硬塑料管时的允许载流量（导线正常最高允许温度为 65℃）/A

导线型号	芯线截面/mm²	2根单芯线 环境温度				2根穿管管径/mm	3根单芯线 环境温度				3根穿管管径/mm	4~5根单芯线 环境温度				4根穿管管径/mm	5根穿管管径/mm
		25℃	30℃	35℃	40℃		25℃	30℃	35℃	40℃		25℃	30℃	35℃	40℃		
BLX	2.5	19	17	16	15	15	17	15	14	13	15	15	14	12	11	20	25
	4	25	23	21	19	20	23	21	19	18	20	20	18	17	15	20	25
	6	33	30	28	26	20	29	27	25	22	20	26	24	22	20	25	32
	10	44	41	38	34	25	40	37	34	31	25	35	32	30	27	32	32
	16	58	54	50	45	32	52	48	44	41	32	46	43	39	36	32	40
	25	77	71	66	60	32	68	63	58	53	32	60	56	51	47	40	40
	35	95	88	82	75	40	84	78	72	66	40	74	69	64	58	40	50
	50	120	112	103	94	50	108	100	93	86	50	95	88	82	75	50	50
	70	153	143	132	121	50	135	126	116	106	50	120	112	103	94	50	65
	95	184	172	159	145	50	165	154	142	130	65	150	140	129	118	65	80
	120	210	196	181	166	65	190	177	164	150	65	170	158	147	134	80	80
	150	250	233	215	197	65	227	212	196	179	75	205	191	177	162	80	90
	185	282	263	243	223	80	255	238	220	201	80	232	216	200	183	100	100
BLV	2.5	18	16	15	14	15	16	14	13	12	15	14	13	11	11	20	25
	4	24	22	20	18	20	22	20	19	17	20	19	17	16	15	20	25
	6	31	28	26	24	20	27	25	23	21	20	25	23	21	19	25	32
	10	42	39	36	33	25	38	35	32	30	25	33	30	28	26	32	32
	16	55	51	47	43	32	49	45	42	38	32	44	41	38	34	32	40
	25	73	68	63	57	32	65	60	56	51	40	57	53	49	45	40	50
	35	90	84	77	71	40	80	74	69	63	40	70	65	60	55	50	65
	50	114	106	98	90	50	102	95	88	80	50	90	84	77	71	65	65
	70	145	135	125	114	50	130	121	112	102	50	115	107	99	90	65	75
	95	175	163	151	138	65	158	147	136	124	65	140	130	121	110	75	75

续表

3. BLX 和 BLV 型铝芯绝缘线穿硬塑料管时的允许载流量（导线正常最高允许温度为65℃）/A

导线型号	芯线截面/mm²	2根单芯线 环境温度				2根穿管管径/mm	3根单芯线 环境温度				3根穿管管径/mm	4~5根单芯线 环境温度				4根穿管管径/mm	5根穿管管径/mm
		25℃	30℃	35℃	40℃		25℃	30℃	35℃	40℃		25℃	30℃	35℃	40℃		
BLV	120	206	187	173	158	65	180	168	155	142	65	160	149	138	126	75	80
	150	230	215	198	181	75	207	193	179	163	75	185	172	160	146	80	90
	185	265	247	229	209	75	235	219	203	185	75	212	198	183	167	90	100

注：1. BX 和 BV 型铜芯绝缘导线的允许载流量约为同截面的 BLX 和 BLV 型铝芯绝缘导线允许载流量的1.29倍。

2. 表2中的钢管 G—焊接钢管，管径按内径计；DG—电线管，管径按外径计。

3. 表2和表3中4~5根单芯线穿管的载流量，是指三相四线制的 TN-C 系统、TN-S 系统和 TN-C-S 系统中的相线载流量。其中性线（N）或保护中性线（PEN）中可有不平衡电流通过，如果线路是供电给平衡的三相负荷，第四根导线为单纯的保护线（PE），则虽有四根导线穿管，但其载流量仍应按三根线穿管的载流量考虑，而管径则应按四根线穿管选择。

附表15　10kV 常用三芯电缆的允许载流量/A

绝缘类型 钢铠护套		黏性油浸纸		不滴流纸		交联聚乙烯			
						无		有	
芯线最高工作温度		60℃		65℃		90℃			
敷设方式		空气中	直埋	空气中	直埋	空气中	直埋	空气中	直埋
芯线截面/mm²	16	42	55	47	59	—	—	—	—
	25	56	75	63	79	100	90	100	90
	35	68	90	77	95	123	110	123	105
	50	81	107	92	111	146	125	141	120
	70	106	133	118	138	178	152	173	152
	95	126	160	143	169	219	182	214	182
	120	146	182	168	196	251	205	246	205
	150	171	206	189	220	283	223	278	219
	185	195	233	218	246	324	252	320	247
	240	232	272	261	290	378	292	373	292
	300	260	308	295	325	433	332	428	328
	400	—	—	—	—	506	378	501	374
	500	—	—	—	—	579	428	574	424
环境温度		40℃	25℃	40℃	25℃	40℃	25℃	40℃	25℃
土壤热阻系数/(℃·m·W⁻¹)		—	1.2	—	1.2	—	2.0	—	2.0

附表16　导体在正常和短路时的最高允许温度及热稳定系数

导体种类和材料		最高允许温度/℃		热稳定系数 C
		正常 θ_0	短路 θ_k	
母线	铜	70	300	171
	铜（接触面有锡层时）	65	200	164
	铝	70	200	87
油浸纸绝缘电缆	铜芯　1~3kV	80	250	148
	6kV	65	220	145
	10kV	60	220	148
	铝芯　1~3kV	80	200	84
	6kV	65	200	90
	10kV	60	200	92
橡皮绝缘导线和电缆	铜芯	65	150	112
	铝芯	65	150	74
聚氯乙烯绝缘导线和电缆	铜芯	65	130	100
	铝芯	65	130	65
交联聚乙烯绝缘电缆	铜芯	80	230	140
	铝芯	80	200	84
有中间接头的电缆(不包括聚氯乙烯绝缘电缆)	铜芯		150	
	铝芯		150	

附表 17　部分高压断路器的主要技术数据

类型	型号		额定电压/kV	额定电流/A	开断电流/kA	断流容量/(MV·A)	动稳定电流峰值/kA	热稳定电流/kA	固有分闸时间/s ≤	合闸时间/s ≤	配用操动机构型号
少油户外	SW2-35/1000		35	1000	16.5	1000	45	16.5 (4s)	0.06	0.4	CT2-XG
	SW2-35/1500			1500	24.8	1500	63.1	24.8 (4s)			
少油户内	SN10-35 I		35	1000	16	1000	46	16 (4s)	0.06	0.2	CT10
	SN10-35 II			1250	20	1200	50	20 (4s)		0.25	CD10
	SN10-10 I		10	630	16	300	40	16 (4s)	0.06	0.15	CT8
				1000	16	300	40	16 (4s)		0.2	CD10 I
	SN10-10 II			1000	31.5	500	80	31.5 (4s)	0.06	0.2	CD10 I、II
				1250	40	750	125	40 (4s)			
	SN10-10 III			2000	40	750	125	40 (4s)	0.07	0.2	CD10 III
				3000	40	750	125	40 (4s)			
真空户内	ZN12-35		35	1250	25		63	25 (4s)	0.075	0.09	CT (专用)
				1600							
				2000	31.5		80	31.5 (4s)			
	ZN12-10	I	10	1250	31.5	—	80	31.5 (4s)	0.065	0.075	CT (专用)
		II		1600							
		III		2000							
		IV		2500							
	ZN12-10	V		1600		—	100	40 (3s)	0.065	0.075	CT (专用)
		VI		2000							
		VII		3150							
	ZN12-10	VIII		1600		—	125	50 (3s)	0.065	0.075	CT (专用)
		IX		2000							
		X		3150							
六氟化硫 (SF₆) 户内	LN2-35	I	35	1250	16		40	16 (4s)	0.06	0.15	CT12 II
		II		1250	25	—	63	25 (4s)			
		III		1600	25		63	25 (4s)			
	LN2-10		10	1250	25	—	63	25 (4s)	0.06	0.5	CT12 I

附表 18　10～35kV 多油式断路器的技术数据

型号	额定电压/kV	额定电流/A	额定断开容量/(MV·A)			额定断开电流/kA			极限通过电流/kA		热稳定电流/kA				合闸时间/s	固有分闸时间/s
			3kV	6kV	10kV	3kV	6kV	10kV	峰值	有效值	1s	4s	5s	10s		
DN₁-10	10	200 400 600	50	100	100	9.7	0.7	5.8	25	15				6 10 10	0.1	0.07
DN₃-10	10	400	75	150	200	14.5	14.5	11.6	37	14.2			13		0.15	0.08
DW₄-10	10	200 400	50	50	50	2.88	2.88	2.88	12.8	7.4	7.4	4.2	3			0.1
DW₅-10	10	25-200	30	30	30	1.8	1.8	1.8	7.4			4.2	3			
DW₅-10D	10	50-200	50	50	50	2.9	2.9	2.9						2.05		
DW₇-10	10	30 50 75 100 200			26			1.5	5.6		1.8					

续表

型号	额定电压/kV	额定电流/A	额定断开容量/(MV·A) 3kV	6kV	10kV	额定断开电流/kA 3kV	6kV	10kV	极限通过电流/kA 峰值	有效值	热稳定电流/kA 1s	4s	5s	10s	合闸时间/s	固有分闸时间/s
DW_9-10	10	50 100 200 400			60			3.2	8.55			5.04				0.12
DW_1-35	35	600		400			6.6		17.3				10			0.06
DW_1-35D	35	600		400			6.6		17.3				10		0.27	0.06
DW_2-35	35	600 1000		1000			16.5		45	26	26		16.5	11.7		
DW_2-35	35	1000 1500		1500			24.7		63	36	36		24.7	18		
DW_6-35	35	400		250 400			4.1 6.6		19	11	11	6.6			<0.27	<0.1
DW_8-35	35	600 800 1000		1000			16.5		41			16.5			<0.3	<0.07

附表 19　35～110kV 户外少油式断路器的技术数据

型号	电压/kV 额定	最大	额定电流/A	额定断开电流/kA	断开容量/(MV·A) 额定	重新*	极限通过电流/kA 最大	有效	热稳定电流/kA 1s	4s	5s	10s	合闸时间/s	固有分闸时间/s	重合性能 电流休止时间/s	重合时间/s
SW_2-35	35	40.5	1000	24.8	1500		63.4	39.2	24.8				0.4	0.06		
SW_2-35 （小车式）	35	40.5	1500	24.8	1500		63.4	39.2	24.8				0.4	0.06		
SW_3-35	35	126	600	6.6	400		17	9.8	6.6				0.12	0.06	0.5	0.12
SW_3-35	35	126	1000		1000		42		16.5				0.12	0.06		
SW_3-110	110	126	1200		3000		41		15.8				0.4	0.07	0.5	
SW_4-110	110		1000	18.4	3500	3000	55	32	32		21	14.8	0.25	0.06	0.3	0.4
SW_4-110G	110		1000	15.8	3000* 3000	3000	55	32			21		0.25	0.06	0.3	0.4
SW_6-110	110		1200	21	4000 （有电容）		55		15.8				0.2	0.04	0.3	
SW_7-110	110	126	1200	15.8	3000		55		21				0.07	0.04	0.5	0.2

注：" * "表示因受试验设备容量所限制，仅目前试验得到的数据。

附表 20　工厂常用高压负荷开关技术数据

序号	型号	额定电压/kV	额定电流/A	最大开断电流/kA	热稳定电流/kA 5s	10s	极限通断电流峰值/kA
1	FW_5-10	10	200	1.5	4(4s)		10
2	FN_3-10	10	400	1.45	8.5		25
3	FN_3-6	6	400	1.95	8.5		25
4	FN_2-10（R）	10	400	1.2		4	25

注：FW—户外型；FN—户内型；（R）—带有熔断器的负荷开关。

附表 21   工厂常用高压隔离开关技术数据

序号	型号	额定电压 /kV	额定电流 /A	极限通过电流峰值/kA	热稳定电流/kA 4s	热稳定电流/kA 5s
1	GW$_2$-35G	35	600	40	20	—
2	GW$_2$-35GD					
3	GW$_4$-35		600	50	15.8	
4	GW$_4$-35G					
5	GW$_4$-35W	35	1000	80	23.7	—
6	GW$_4$-35D		2000	104	46	
7	GW$_4$-35DW					
8	GW$_5$-35G		600	72	16	
9	GW$_5$-35GD		1000			
10	GW$_5$-35GW	35	1600	83	25	—
11	GW$_5$-35GDW		2000	100	31.5	
12	GW$_1$-10		200	15		7
		10	400	25	—	14
13	GW$_1$-10W		600	35		20
14	GN$_2$-10	10	2000	85	—	51
			3000	100		71
15	GN$_2$-35		400	52		14
		35	600	64	—	25
16	GN$_2$-35T		1000	70		27.6
17	GN$_6$-10T		200	25.5		10
		10	400	40	—	14
			600	52		20
18	GN$_8$-10T		1000	75		30
19	GN$_{19}$-10		400	30	12	
		10	600	52	20	—
20	GN$_{19}$-10C		1000	75	30	

附表 22   部分万能式低压断路器的主要技术数据

型号	脱扣器额定电流 /A	长延时动作整定电流 /A	短延时动作整定电流 /A	瞬时动作整定电流 /A	单相接地短路动作电流 /A	分断能力 电流/kA	分断能力 cosφ
DW15-200	100	64～100	800～1000	300～1000 800～2000	—	20	0.35
	150	98～150					
	200	128～200	600～2000	600～2000 1600～4000			
DW15-400	200	128～200	600～2000	600～2000 1600～4000	—	25	0.35
	300	192～300					
	400	256～400	1200～4000	3200～8000			
DW15-600	300	192～300	900～3000	900～3000 1400～6000	—	30	0.35
	400	256～400	1200～4000	1200～4000 3200～8000			
	600	384～600	1800～6000				
DW15-1000	600	420～600	1800～6000	6000～12000	—	40 (短延时 30)	0.35
	800	560～800	2400～8000	800～16000			
	1000	700～1000	3000～10000	10000～20000			
DW15-1500	1500	1050～1500	4500～15000	15000～30000	—		

续表

型　　号	脱扣器额定电流 /A	长延时动作整定电流 /A	短延时动作整定电流 /A	瞬时动作整定电流 /A	单相接地短路动作电流 /A	分断能力 电流/kA	分断能力 cosφ
DW15-2500	1500	1050～1500	4500～9000	10500～21000	—	60 (短延时 40)	0.2 (短延时 0.25)
	2000	1400～2000	6000～12000	14000～28000			
	2500	1750～2500	7500～15000	17500～35000			
DW15-4000	2500	1750～2500	7500～15000	17500～35000	—	80 (短延时 60)	0.2
	3000	2100～3000	9000～18000	21000～42000			
	4000	2800～4000	12000～24000	28000～56000			
DW16-630	100	64～100	—	300～600	50	30 (380V)	0.25 (380V)
	160	102～160		480～960	80		
	200	128～200		600～1200	100		
	250	160～250		750～1500	125		
	315	202～315		945～1890	158		
	400	256～400		1200～2400	200	20 (660V)	0.3 (660V)
	630	403～630		1890～3780	315		
DW16-2000	800	512～800	—	2100～4800	400	50	—
	1000	640～1000		3000～6000	500		
	1600	1024～1600		4800～9600	800		
	2000	1280～2000		6000～12000	1000		
DW16-4000	2500	1400～2500	—	7500～15000	1250	80	—
	3200	2048～3200		9600～19200	1600		
	4000	2560～4000		12000～24000	2000		

附表 23　DZ10 自动开关技术数据

序号	型　号	额定电压 /V	额定电流 /A	脱扣器类别	复式脱扣器 额定电流 /A	复式脱扣器 电磁脱扣器动作电流整定倍数	电磁脱扣器 额定电流 /A	电磁脱扣器 动作电流倍数	极限分断电流(峰值)/kA 交流 380V	极限分断电流(峰值)/kA 交流 500V
1	DZ₁₀-100	直流 220	100	复式、电磁式、热脱扣器或无脱扣	15	10	15	10	7	6
					20		20		9	7
					25		25			
					30		30			
					40		40		12	10
					50		50			
					60					
					80		100	6～10		
					100					
2	DZ₁₀-250	交流 500	250		100	5～10	250	2～6	30	25
					120	4～10				
					140	3～10		2.5～8		
					170					
					200			3～10		
					250					
3	DZ₁₀-600		600		200	3～10	400	2～7	50	40
					250					
					300			2.5～8		
					350					
					400		600			
					500			3～10		
					600					

附表 24　RT0 型低压熔断器主要技术数据和保护特性曲线

1. 主要技术数据

型　号	熔管额定电压/V	额定电流/A		最大分断电流/kA
		熔管	熔　体	
RT0-100		100	30,40,50,60,80,100	
RT0-200	交流 380	200	(80,100),120,150,200	
RT0-400		400	(150,200),250,300,350,400	50
RT0-600	直流 440	600	(350,400),450,500,550,600	(cosφ=0.1～0.2)
RT0-1000		1000	100,800,900,1000	

注：表中括号内的熔体电流尽量不采用

2. 保护特性曲线

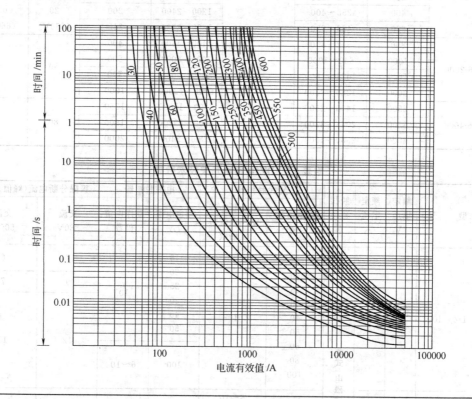

附表 25　电力变压器配用的高压熔断器规格

变压器容量/(kV·A)		100	125	160	200	250	315	400	500	630	800	1000
$I_{1N·T}/A$	6kV	9.6	12	15.4	19.2	24	30.2	38.4	48	60.5	76.8	96
	10kV	5.8	7.2	9.3	11.6	14.4	18.2	23	29	36.5	46.2	58
RN1 型熔断器 $I_{N·FU}/I_{N·FE}$ (A/A)	6kV	20/20		75/30		75/40	75/50	75/75		100/100	200/150	
	10kV	20/15		20/20		50/30		50/40	50/50	100/75	100/100	
PW4 型熔断器 $I_{N·FU}/I_{N·FE}$ (A/A)	6kV	50/20		50/30	50/40		50/50	100/75		100/100	200/150	
	10kV	50/15		50/20		50/30		50/40	50/50	100/75	100/100	

附表 26　LQJ-10 型电流互感器的主要技术数据

1. 额定二次负荷

铁芯代号	额定二次负荷					
	0.5 级		1 级		3 级	
	Ω	V·A	Ω	V·A	Ω	V·A
0.5	0.4	10	0.6	15	—	—
3	—	—	—	—	1.2	30

2. 热稳定度和动稳定度

额定一次电流/A	ls 热稳定倍数	动稳定倍数
5,10,15,20,30,40,50,60,75,100	90	225
160(150),200,315(300),400	75	160

注：括号内数据，仅限老产品。

附表 27　部分生产车间和工作场所的最低光照度参考值

1. 部分生产车间工作面上的最低照度值(参考)

车间名称及工作内容	工作面上的最低光照度/lx			车间名称及工作内容	工作面上的最低光照度/lx		
	混合照明	混合照明中的一般照明	单独使用一般照明		混合照明	混合照明中的一般照明	单独使用一般照明
机械加工车间	—	—	—	铸工车间	—	—	—
一般加工	500	30	—	熔化、浇铸			30
精密加工	1000	75	—	造型			50
机械装配车间	—	—	—	木工车间			
大件装配	50	50	—	机床区	300	30	
精密小件装配	1000	75	—	木模区	300	30	
焊接车间	—	—	—	电修车间	—	—	—
弧焊、接触焊			50	一般	300	30	
一般划线			75	精密	500	50	

2. 部分生产和生活场所的最低光照度值(参考)

场所名称	单独一般照明工作面上的最低光照度/lx	工作面离地高度/m	场所名称	单独一般照明工作面上的最低光照度/lx	工作面离地高度/m
高低压配电室	30	0	工具室	30	0.8
变压器室	20	0	阅览室	75	0.8
一般控制室	75	0.8	办公室、会议室	50	0.8
主控制室	150	0.8	宿舍、食堂	30	0.8
试验室	100	0.8	主要道路	0.5	0
设计室	100	0.8	次要道路	0.2	0

附表 28　配照灯的比功率参考值/（W/m²）

灯在工作面上高度 h/m	被照面积 A /m²	白炽灯平均照度 E/lx						
		5	10	15	20	30	50	75
3～4	10～15	4.3	7.5	9.6	12.7	17	26	36
	15～20	3.7	6.4	8.5	11.0	14	22	31
	20～30	3.1	5.5	7.2	9.3	13	19	27
	30～50	2.5	4.5	6	7.5	10.5	15	22
	50～120	2.1	3.8	5.1	6.3	8.5	13	18
	120～300	1.8	3.3	4.4	5.5	7.5	12	16
	300 以上	1.7	2.9	4.0	5.0	7.0	11	15

续表

灯在工作面上高度 h/m	被照面积 A /m²	白炽灯平均照度 E/lx						
		5	10	15	20	30	50	75
4~6	10~17	5.2	8.9	11	15	21	33	48
	17~25	4.1	7.0	9.0	12	16	27	37
	25~35	3.4	5.8	7.7	10	14	22	32
	35~50	3.0	5.0	6.8	8.5	12	19	27
	50~80	2.4	4.1	5.6	7.0	10	15	22
	80~150	2.0	3.3	4.6	5.8	8.5	12	17
	150~400	1.7	2.8	3.9	5.0	7.0	11	15
	400 以上	1.5	2.5	3.5	4.0	6.0	10	14

附表 29 DL-20（30）系列电流继电器的技术数据

型 号	整定电流范围/A	线圈串联		线圈并联		动作时间	返回系数	最小整定电流时功率消耗/V·A	备 注
		动作电流/A	长期允许电流/A	动作电流/A	长期允许电流/A				
DL-21C 31 DL-22C 32 DL-23C 33 DL-24C 34 DL-25C	0.0125~0.05	0.0125~0.025	0.08	0.025~0.05	0.16	当 1.2 倍整定电流时,不大于 0.15s;当 3 倍整定电流时,不大于 0.03s	0.8	0.4	DL-21C 型有一对常开接点;DL-22C 型有一对常闭接点;DL-23C 型常开常闭各有一对;DL-24C 型有 2 对常开接点;DL-25C 型有 2 对常闭接点
	0.05~0.2	0.05~0.1	0.3	0.1~0.2	0.6			0.5	
	0.15~0.6	0.15~0.3	1	0.3~0.6	2			0.5	
	0.5~2	0.5~1	4	1~2	8			0.5	
	1.5~6	1.5~3	6	3~6	12			0.55	
	2.5~10	2.5~5	10	5~10	20			0.85	
	5~20	5~10	15	10~20	30			1	
	12.5~50	12.5~25	20	25~50	40			2.8	
	25~100	25~50	20	50~100	40			7.5	
	50~200	50~100	20	100~200	40		0.7	32	

注：1. 此系列继电器可取代 DL-10 系列，用于电机、变压器、线路的过负荷及短路保护，作为启动元件；

2. 动作电流误差不大于±6%；

3. 接点开断容量：当不超过 250V、2A 时，在直流回路中不超过 50W，在交流回路中不超过 250V·A。

附表 30 DY、LY 系列电压继电器的技术数据

型 号	特性	整定范围/V	线圈并联		线圈串联		动作时间/s	最小整定电压时的功率消耗/V·A	备 注
			动作电压/V	长期允许电压/V	动作电压/V	长期允许电压/V			
DY-21C~25C	过电压继电器	15~60 50~200 100~400	15~30 50~100 100~200	35 110 220	30~60 100~200 200~400	70 220 440	1.2Us 时 0.15;3Us 时 0.03	1	LY-21C、25C,LY-32 为一对常开接点;DY-24C、25C,LY-30 为 2 对常开接点;DY-22C,LY-31、34 为一对常闭接点;而 LY-36,DY-26C 为 2 对常闭接点;其他则为 1 组或 2 组转换接点
DY-30/60C		15~60	15~30	110	30~60		2.5		
LY-1A LY-21		6~12 60~200	3~6 60~100	100 110	6~12 100~200	100 220	3Us 为 0.01 1.1Us 为 0.12	10 1.5	
DY-26C、28C、29C	低电压继电器	12~48 40~160 80~320	12~24 40~80 80~160	35 110 220	24~48 80~160 160~320	70 220 440	0.5Us 时 0.15	1	
LY-22		40~160	40~80	110	80~160	220	0.7Us 为 0.02	1.5	
LY-31~37		15~60 40~160 80~320	15~30 40~80 30~160	110 110 220	30~60 80~160 160~320	220 220 440	0.5Us 时 0.15	1	

注：1. 过电压继电器的返回系数不小于 0.8，低电压继电器的返回系数不大于 1.25；

2. 接点断开容量：与 DL-20（30）相同。

附表 31　时间继电器的技术数据

型　号	电压种类	额定电压/V	时间整定范围/s	动作电压/V	消耗功率	接点数量			接点开断容量
						常开	滑动	切换	
DS-21、21C 22、22C 23、23C 24、24C	直流	24、48 110、220	0.2～1.5 1.2～5 2.5～10 5～20	≤0.75U_N	对 DS-21、22、23、24≤10W 对 21～24C ≤7.5W	1	1	1	U≤220V， I≤1A 时为 50W； 接点关合电流 为 5A
DS-25 26 27 28	交流	110、127 220、380	0.2～1.5 1.2～5 2.5～10 5～20	≤0.8U_N	≤35V·A	1	1	1	
BS-11 12 13 14	直流	24、48 110、220	0.15～1.5 1～5 2～10 4～20	对 110、220V ≤0.8U_N， 对 24、48V ≤0.9U_N	在 U_{NF}≤15W			3	U≤220V， I≤0.2A 时直流为 40W 交流为 50V·A
BS-31 32 33 34	直流	48 110、220	3～10 5～20 6～30 1.5～5	对 110、220V ≤0.8U_N， 对 48V ≤0.9U_N	在 U_{NF}≤15W			4	U≤220V， I≤0.2A 时直流为 40W， 交流为 50V·A
BSJ -1/10 1/4	交流	额定电流 串联—2.5A 并联—5A	0.5～10 0.25～4	可靠工作电流 <0.9I_N	在 2I_{NF} ≤12V·A	2			U≤220V， I≤0.2A 时 直流为 25W， 交流为 30V·A
DSJ -11 -12 -13	交流	100、110 127、220 380	0.1～1.3 0.25～3.5 0.9～9	≤0.7U_N	15	1	1	1	U≤220V， I≤5A 时 交流为 500V·A
BS-60A、70A BS-60B、70B BS-60C、70C BS-60D、70D BS-60E、70E	直流	110 220	0.05～0.5 0.15～1.5 0.5～5 1～10 3～30	≤0.7U_N 自保持电流 1A	BS-60 220V， 为 9W， 110V 为 6W， BS-70 则分 别为 18W、 12W				U≤250， I≤1A 时 直流为 30W

注：1. 型号中 D—电磁式；B—半导体式；S—时间继电器；J—交流操作用的；C—长时工作的；

2. BS-60、BS-70 系列中 6—单延时；7—双延时；A、B、C、D、E—分别表示不同延时，型号中的零可用 1、2、3、4 置换即构成 61、71、62、72 等型号，其中 1—具有瞬动转换延时常开接点，2—同 1 且有电流自保持线圈，3—具有瞬动常闭，延时常开接点，4—同 3 且有电流自保持线圈。

附表32 中间继电器的技术数据

型　号	额定电压 /V	额定电流 /A	动作电压 不大于	保持电压 不大于	动作时间 /s	返回时间 /s	功率消耗/W 电压线圈	功率消耗/W 电流线圈	接点容量 长期接通/A	接点容量 开　断
DZ-31B 32B	12,24,48, 110,220		$0.7U_N$		0.05		5		≤5	
DZB-11B、12B、15B 13B、 14B	24,48, 110,220	0.5,1, 2,4.8	$0.7U_N$	$0.7U_N$ $0.8I_N$	0.05		7 5.5 4	4 4 4	≤5	在 U≤220V, I≤1A 时
DZS-11B、13B 12B、14B 15B、16B	12,24, 48, 110,220	2,4,6, 1,2,4	$0.7U_N$		0.06 0.06	0.5	5		≤5	直流为 50W, 交流为 50V·A
DZ-15、16、17 DZB-115、138 127	12,24, 48, 110,220	0.5,1, 2.4	$0.7U_N$		0.05	0.06	5 10 25	4.5 4.5	≤5	
DZS-115、117 145 127 138	24,48, 110,220	1,2,4,8	$0.7U_N$	$0.8I_N$	0.6	0.5 0.4	5 6.5 5.5 5.5	2.5 2.5	≤5	
DZJ-11、12 20	交流 110,220 36～220		$0.8U_N$ $0.8U_N$		0.06 0.06	0.06 0.06	5 4		≤5 ≤5	在 U≤220V, I≤1A 时 50W,250V·A
DZ-500 DZB-500 DZK-900	24,48, 110,220 0.5,1,2,4		$0.7U_N$ $0.7U_N$ $0.5U_N$	$0.8I_N$ $0.8I_N$	0.04 0.05 0.02	0.05 ～0.008	3 8	2.5	≤5 ≤5	50W,500V·A 50W,500V·A 30W,150V·A

注：1. DZ-31B 有三对常开接点，三对转换接点，DZ-32B 有六对常开接点；

2. DZB-11B、13B、14B、15B 各有三对常开，三对转换；而 DZB-12B 则有六对常开；

3. 其他各型接点数量可查阅有关技术资料。

附表33 信号继电器的技术数据

型　号	额定电压 /V	额　定　电　流 /A	动作电压 不大于	功率消耗/W 电压	功率消耗/W 电流	接点开断容量	备注
DX-11 电压型	12,24,48, 110,220		$0.6U_N$	2		U≤220V, I≤2A 时 直流 50W, 交流 250V·A	
DX-11 电流型		0.1,0.015,0.025,0.05,0.075, 0.1,0.15,0.25,0.5,0.75,1	I_N		0.3		
DX-21/1,21/2 -22/1,22/2 -23/1,23/2	43 110 220	0.01,0.015,0.04,0.08, 0.2,0.5,1	$0.7U_N$ I_N	7	0.5	U<110V, I<0.2A 时 直流为 10W, 纯阻性 30W	具有灯光信号
DX-31 32	12,24,48, 110,220	0.01,0.015,0.025,0.04,0.05,0.075 0.08,0.1,0.15,0.2,0.25,0.5,1	$0.7U_N$ I_N	3	0.3	U<220V 时 直流为 30W, 交流为 200V·A	具有掉牌信号
DXM-2A 电压型 或电流型	24,48, 110,220	0.01,0.015,0.025,0.05,0.075, 0.08,0.1,0.15,0.25,0.5,1.2	$0.7U_N$ I_N	2	0.15	U<220V, I<0.2A 时 直流 20W, 纯阻性 30W	灯光信号 电压释放
DXM-3	110,220	0.05,0.075	$0.7U_N I_N$			同上	

注：DX-20 系列只有一对常开接点，其他均有两对常开接点。

附表34 GL-10和LL-10系列电流继电器的技术数据

型 号	额定电流/A	整定值 动作电流/A	整定值 10倍动作电流时的动作时间/s	瞬动电流倍数	长期热稳定电流 I_N/%	返回系数	动作电流时的功率消耗/(V·A)	接点数量 常开	接点数量 延时信号	接点数量 强力桥式	接 点 容 量
GL-11/10 (21/10)	10	4、5、6、7、8、9、10	0.5、1、2、3、4					1			常开接点在220V时接通直流或交流5A;常闭接点在220V时断开交流2A;信号接点在220V时断开直流0.2A,断开交流1A,强力桥式接点由电流互感器供电,电阻在3.5A时小于4.5Ω,则在小于150A时能将此跳闸线圈接通或分流断开
GL-11/5 (21/5)	5	2、2.5、3、3.5、4、4.5、5	0.5、1、2、3、4			0.85		1			
GL-12/10 (22/10)	10	4、5、6、7、8、9、10	2、4、8、12、16					1			
GL-12/5 (22/5)	5	2、2.5、3、3.5、4、4.5、5	2、4、8、12、16					1			
GL-13/10 (23/10)	10	4、5、6、7、8、9、10	2、3、4					1	1		
GL-13/5 (23/5)	5	2、2.5、3、3.5、4、4.5、5	2、3、4	2~8	110		<15	1	1		
GL-14/10 (24/10)	10	4、5、6、7、8、9、10	8、12、16			0.8		1	1		
GL-14/5 (24/5)	5	2、2.5、3、3.5、4、4.5、5	8、12、16					1	1		
GL-15/10 (25/10)	10	4、5、6、7、8、9、10	0.5、1、2、3、4							1	
GL-15/5 (25/5)	5	2、2.5、3、3.5、4、4.5、5	0.5、1、2、3、4							1	
GL-16/10 (26/10)	10	4、5、6、7、8、9、10	8、12、16						1	1	
GL-16/5 (26/5)	5	2、2.5、3、3.5、4、4.5、5	8、12、16						1	1	
LL-11/5 12/5 13/5 14/5	5	2、2.5、3、3.5、4、4.5、5	0.5~4 2~16 2~4 8~16	2~8	110	0.85	10	1 1 1 1	1 1		
LL-11/10 12/10 13/10 14/10	10	4、5、6、7、8、9、10	0.5~4 2~16 2~4 8~16	2~8	110	0.85	10	1 1 1 1	1 1		

注:1. LL型反时限过流继电器为新型整流(L)式电流(L)继电器,反时限特性曲线和GL型相似,但结构和电路简单;

2. 速断电流倍数 = $\dfrac{瞬动电流}{动作电流整定值}$;

3. LL-11A、12A型继电器具有一对控制外电路的常开主接点,但根据用户需要,也可改装为常闭式;

4. LL-13A、14A型继电器具有一对控制外部电路能瞬时动作的常开主接点和一对延时动作的常开信号接点,根据用户需要,主接点也可改装为常闭式;

5. 继电器的电流线圈允许长期通过110%额定电流。

附录2 部分习题参考答案

习题1

1-9 T_1：6.3/121kV，WL_1：110kV，WL_2：35kV

1-10 G：10.5kV，T_1：10.5/38.5kV，T_2：35/6.6kV，T_3：10/0.4kV

习题2

2-6 $P_e = 17.4\text{kW}$

2-7 $P_e = 6.97\text{kW}$

2-8 $P_{30} = 24.4\text{kW}$，$Q_{30} = 42.21\text{kvar}$，$S_{30} = 48.8\text{kV} \cdot \text{A}$，$I_{30} = 74.15\text{A}$

2-9 机床组：$P_{30(1)} = 26.88\text{kW}$，$Q_{30(1)} = 46.50\text{kvar}$

   吊车组：$P_{30(2)} = 1.5\text{kW}$，$Q_{30(2)} = 2.6\text{kvar}$

   通风机组：$P_{30(3)} = 14.4\text{kW}$，$Q_{30(3)} = 10.8\text{kvar}$

   车间照明：$P_{30(4)} = 8.2\text{kW}$，$Q_{30(4)} = 0$

   车间总计算负荷：$S_{30} = 78.66\text{kV} \cdot \text{A}$，$I_{30} = 119.52\text{A}$

2-10 一次侧计算负荷：$P_{30(1)} = 482.2\text{kW}$，$Q_{30(1)} = 382.8\text{kvar}$，$S_{30(1)} = 574.36\text{kV} \cdot \text{A}$，$I_{30(1)} = 55.27\text{A}$

   功率因数：$\cos\varphi_{(1)} = 0.746$

2-11 $I_{30} = 88.83\text{A}$，$I_{pk} = 283.43\text{A}$

2-14 （1）高压侧三相短路参数

   $I_{k-1} = I''_{k-1} = I_{\infty(k-1)} = 2.67\text{kA}$，$i_{sh(k-1)} = 6.81\text{kA}$，$I_{sh(k-1)} = 4.03\text{kA}$，$S_{k-1} = 48.56\text{MV} \cdot \text{A}$

   （2）低压侧三相短路参数

   $I_{k-2} = I''_{k-2} = I_{\infty(k-2)} = 33.5\text{kA}$，$i_{sh(k-2)} = 61.64\text{kA}$，$I_{sh(k-2)} = 36.52\text{kA}$，$S_{k-2} = 23.21\text{MV} \cdot \text{A}$

2-15 $S_{min} \geqslant 185\text{mm}^2$

习题3

3-13 ①选 RT0-100/100 型熔断器，其 $I_{N \cdot FE} = 100\text{A}$，$I_{N,FU} = 100\text{A}$

   ② 选 BLV-500-(3×16) G25-DA，30℃时，$I_{al} = 52\text{A}$

   ③ 熔断器校验

   断流能力：$I_{oc} = 50\text{kA} > 15\text{kA}$ 满足要求。

   保护灵敏度：$S_p \approx 61 > (4 \sim 7)$ 满足要求。

   与线路配合：熔断器仅作短路保护，$I_{N \cdot FE} = 100\text{A} < 2.5 I_{al} = 130\text{A}$，满足要求。

3-14 选两台 S9-1000/10/0.4 型变压器。

3-16 ① 电缆截面为 25mm^2

② $\Delta U\% = 2.23\% < 5\%$，满足要求。

3-17 ① 选 LGJ-95 型导线。

② $I_{al} = 352A$（20℃），满足发热要求。

③ $\Delta U\% = 4.74\%$，满足电压损失要求。

④ 满足 35kV 导线最小截面机械强度的要求。

习题 4

4-17 $h \geqslant 19.25m$

4-18 ①动作电流 $I_{op} = 6.12A$，电流继电器选 DL-21C/10 型。

② 灵敏度校验

作为本段线路 L-2 的近后备保护时 $S_P = 2.89 > 1.5$ 合格。

作为下段线路 L1 的远后备保护时 $S_P = 1.92 > 1.25$ 合格。

③ 由阶梯原则 $t_2 = t_1 + \Delta t = 1.5s$，时间继电器选 DS-21 型。

4-19 ① 动作电流 $I_{op} = 5.25A$，整定取为 6A，电流继电器选 GL-11/10 型。

② 灵敏度校验

作为本段线路 L-2 的近后备保护时 $S_P = 1.80 > 1.5$，合格。

③ 动作时限

k-2 点短路，动作电流倍数 $n = 2.71$ 时，$t_2 = 1.3s$。

查 GL 型继电器时限曲线，取 $n = 2.71$，$t_2 = 1.3s$，得 10 倍动作电流时的动作时限为 $t_2' \approx 0.6s$。

4-20 动作电流 $I_{op} = 5.1A$，整定取为 5A；对终端变电所，动作时限取为 0.5s；灵敏度 $S_P = 3.9$，合格。

习题 5

5-10 SL7-500/10 型：$K_{ec(T)} = 0.49$

SL7-800/10 型：$K_{ec(T)} = 0.46$

5-11 $S = 600kV \cdot A > S_{cr} = 524kV \cdot A$，故宜两台变压器并联运行。

参 考 文 献

[1] 李友文编. 工厂供电. 北京：化学工业出版社，1999.
[2] 刘介才编. 工厂供电. 北京：机械工业出版社，1992.
[3] 王锡元编. 工业企业供电与变电. 北京：石油工业出版社，1992.
[4] 胡增涛编. 工厂供电. 北京：高等教育出版社，1992.
[5] 曾昭桂编. 企业供电系统及运行. 第2版. 北京：中国劳动出版社，1994.
[6] 黄纯华，刘维仲. 工厂供电. 天津：天津大学出版社，1988.
[7] 韩廷臣编. 工厂供电. 北京：机械工业出版社，1992.
[8] 丁昱编. 工业企业供电. 北京：冶金工业出版社，1997.
[9] 耿毅编. 工业企业供电. 北京：冶金工业出版社，1985.
[10] 国家机械委员会统编. 工厂供电. 北京：机械工业出版社，1988.
[11] 王荣藩编. 工厂供电设计与实验. 天津：天津大学出版社，1989.
[12] 李宗纲等编. 工厂供电设计. 长春：吉林科学技术出版社，1985.
[13] 张修正主编. 化工厂电气手册. 北京：化学工业出版社，1994.
[14] 中国石油化工总公司编. 炼油厂电力设计技术规定（SHJ 1066-84）. 中国石油化工总公司标准，1984.